建筑设计要素丛书

建筑入口
Building Entrance

毕　昕　郑东军　编著

中国建筑工业出版社

图书在版编目（CIP）数据

建筑入口 = Building Entrance / 毕昕，郑东军编
著. —北京：中国建筑工业出版社，2022.9
（建筑设计要素丛书）
ISBN 978-7-112-27687-5

Ⅰ.①建… Ⅱ.①毕… ②郑… Ⅲ.①建筑物—入口
—建筑设计 Ⅳ.①TU228

中国版本图书馆CIP数据核字（2022）第138662号

责任编辑：唐　旭　吴　绫
文字编辑：李东禧　孙　硕
书籍设计：锋尚设计
责任校对：李美娜

建筑设计要素丛书
建筑入口
Building Entrance
毕　昕　郑东军　编著

*

中国建筑工业出版社出版、发行（北京海淀三里河路9号）
各地新华书店、建筑书店经销
北京锋尚制版有限公司制版
北京中科印刷有限公司印刷

*

开本：787毫米×1092毫米　1/16　印张：11　字数：232千字
2022年8月第一版　　2022年8月第一次印刷
定价：42.00元
ISBN 978-7-112-27687-5
　（39734）

◈ 总序

何为建筑？

何为建筑设计？

这些建筑的基本问题和思考，不同的建筑师有着不同的体会和答案。

就建筑形式和构成而言，建筑是由多个要素构成的空间实体，建筑设计就是对相关要素的组合，所谓设计能力亦是对建筑要素的组合能力。

那么，何为建筑要素？

建筑要素是个大的范畴和体系，有主从之分和相互交叉。本丛书结合已建成的优秀案例，选取九个要素，即建筑中庭、建筑入口、建筑庭院、建筑外墙、建筑细部、建筑楼梯、外部环境、绿色建筑和自然要素，图文并茂地进行分析、总结，意在论述各要素的形成、类型、特点和方法，从设计要素方面切入设计过程，给建筑学以及相关专业的学生在高年级学习和毕业设计时作为参考书，成为设计人员的设计资料。

我们在教学和设计实践中往往遇到类似的问题，如有一个好的想法或构思，但方案继续深化，就会遇到诸如"外墙如何开窗？入口形态和建筑细部如何处理？建筑与外部环境如何融合？建筑中庭或庭院在功能和形式上如何组织？"等具体的设计问题；再如，一年级学生在建筑初步中所做的空间构成，非常丰富而富有想象力，但到了高年级，一结合功能、环境和具体的设计要求就会显得无所适从，不少同学就会出现一强调功能就是矩形平面，一讲造型丰富就用曲线这样的极端现象。本丛书就像一本"字典"，对不同要素的建筑"语言"进行了总结和展示，可启发设计者的灵感，犹如一把实用的小刀，帮助建筑设计师游刃有余地处理建筑设计中各要素之间的关联，更好地完成建筑设计创作，亦是笔者最开心的事。

经过40多年来的改革开放，中国取得了举世瞩目的建设成就，涌现出大量具有时代特色的建筑作品，也从侧面反映了当代建筑教育的发展。从20世纪80年代的十几所院校到如今的300多所，我国培养了一批批建筑设计人才，成为设计、管理、教育等各行业的专业骨干。从建筑教育而言，国内高校大多采用类型的教学方法，即在专业课建筑设计教学中，从二年级到毕业设计，通过不同的类型，从小到大，由易至难，从不同类型的特殊性中学习建筑的共性，即建筑设计的理论和方法，这是专业教育的主线。而建筑初步、建筑历史、建筑结构、建筑构造、城乡规划和美术等课程作为基础课和辅线，完成对建筑师的共同塑造。虽然在进入21世纪后，各高校都在进行教学改革，致力于宽基础、强专业的执业建筑师培养，各具特色，但类型的设计本质上仍未改变。

本书中所研究的建筑要素，就是建筑不同类型中的共性，有助于专业人士在建筑教学过程中和设计实践中不断地总结并提高认识，在设计手法和方法上融会贯通，不断与时俱进。

这就是建筑要素的重要性所在，两年前郑州大学建筑学院顾馥保教授提出了编写本丛书的构想并指导了丛书的编写工作。顾老师1956年毕业于南京工学院建筑学专业（现东南大学），先后在天津大学、郑州大学任教，几十年的建筑教育和创作经历，成果颇丰。郑州大学建筑学院组织学院及省内外高校教师，多次讨论选题和编写提纲，各分册以1/3理论、2/3案例分析组成，共同完成丛书的编写工作。本丛书的成果不仅是对建筑教学和建筑创作的总结，亦是从建筑的基本要素、基本理论、基本手法等方面对建筑设计基本问题的回归和设计方法的提升，其中大量新建筑、新观念、新手法的介绍，也从一个侧面反映了国内外建筑创作的发展和进步。本书将这些内容都及时地梳理和总结，以期对建筑教学和创作水平的提升有所帮助。这亦是本丛书的特点和目标。

谨此为序。在此感谢参与丛书编写的老师们的工作和努力，感谢中国建筑出版传媒有限公司（中国建筑工业出版社）胡永旭副总编辑、唐旭主任、吴绫副主任对本丛书的支持和帮助！感谢李东禧编审、孙硕编辑、陈畅编辑的辛苦工作！也恳请专家和广大读者批评、斧正。

郑东军
2021年10月26日
于郑州大学建筑学院

前言

建筑学是一门实践性很强的专业，兼具功能、空间、环境及社会、经济、文化、美学等综合性要求。作为一名建筑师，不仅需要对建筑的功能、形态、结构体系进行合理组织，还需要美学、经济学、历史学、构图学、测量学、环境学等多方面知识的辅助，其目的是为人类创造一个美好的生产和生活环境。

建筑设计过程是对建筑各部分构成要素进行组合并建立起各部分之间关系的过程。作为建筑功能和形式主要组成部分的入口具有引导人流、连接室内外空间、过渡外部环境、界定内外边界、增加建筑空间体验性、表达建筑文化特征和美观性等诸多作用。

本书针对建筑学、城乡规划学、风景园林学及其相关专业在校学生及建筑设计从业人员，通过大量建筑案例分析，理论结合实际，阐述建筑入口的基本设计要点和设计方法。不仅从形式语言上解读建筑入口设计，更将入口纳入空间体系和建筑结构中，通过抽象图解的方式对入口空间形式和设计方法进行分类，帮助读者更好地理解入口类型及设计手法。

本书内容主要包括以下几部分：

第1章包含入口的概念、特征以及历史发展，其中历史发展部分对国内外各地区、各时期、各种风格的建筑入口特征进行概述。

第2章对建筑入口进行系统的分类，并对构成入口的实体要素与空间要素进行详解。该部分从垂直方向与水平方向两个维度对建筑入口进行系统分类，用大量图示、图形进行分类图解，并介绍建筑入口实体构件的现代处理手法，并将入口空间划分为交通空间、功能空间、等候空间和景观空间四部分，对各部分的特征和相互关系进行分析。

第3章对建筑入口的设计原则，如基本原则、功能原则、空间原则、形式原则、结构原则以及设计规范进行论述。

第4章把现代建筑设计中常用的四类设计方法：11种具体手法通过案例解析的方式进行讲解。

本书除了大量的分类研究和文字分析外，采用实物照片、分析图、建筑平面图、剖面图相结合的方式对建筑入口进行图解，图文并茂，可为设计者提供有效的建筑入口设计方法和设计参考，具有启发性和资料性的特点。

目录

3 入口的设计原则

4 入口设计

1

概论

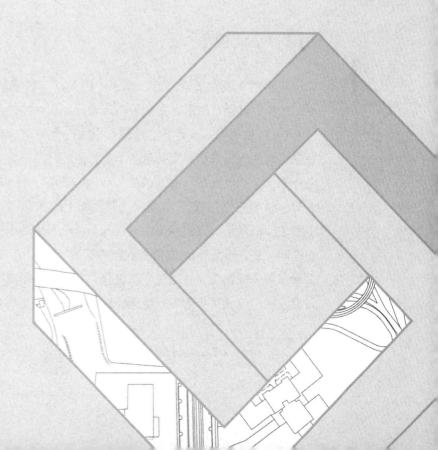

入口是建筑功能与空间形态最重要的组成部分，其形式、结构随着建筑的历史发展而不断演变，但入口所具有的可识别性、建筑的整体性、空间的连接性、地域的文化性等属性始终未变。

本章节分别从空间、功能和结构三个视角阐明建筑入口的定义，并通过图解分析的方法简要介绍中国和西方各历史时期的建筑入口，进而梳理建筑入口在各种文化背景下的发展脉络及特征，同时，对建筑入口的基本属性加以说明。

1.1　入口的概念

"入口"从字面上看，由"入"与"口"两字组成，《辞海》对其的解释是："入是进入，代表由外到内；口是出入通过的地方。"由此，可归纳出入口的广义定义是"供人进入、通过的地方。"建筑入口的一般定义为："建筑开口位置的室内外过渡空间及其构件和设施"，也可概括为"供人进出建筑内部的地方。"但建筑是一个复杂的整体，由多种要素组成，因此，作为建筑组成部分的建筑入口也具有复杂性和多义性，我们可以从空间、功能和结构三个角度来认识入口的概念。

1.1.1　空间视角

建筑的本质在于空间，入口的作用就是连接建筑内、外部空间，起到空间过渡、转换、疏散、安全管理等功能。正如弗朗西斯·D·K·钦指出："建筑入口是进入一栋建筑、建筑物中的一个房间，或者进入外部空间中某一限定的区域，都牵涉到穿越一个垂直面的行动。这个垂直面将空间彼此区分开来，分出'此处'和'彼处'"。弗朗西斯·D·K·钦从空间角度定义入口，认为它是："划分空间的垂直界面上的连通区域，入口提供了空间与空间之间的联系。空间视角中的建筑入口可归纳为人进入建筑物所经过的开口空间，是连接室外和室内的过渡空间"[1]。如图1-1-1、图1-1-2所示的河南偃师二里头博物馆，其通过平面组合，在入口处形成中庭、长廊组成的入口过渡空间，这种狭长的入口空间将建筑的室内外空间联结为一个整体。

---

① 程大锦. 建筑：形式、空间和秩序（第三版）[M]. 天津：天津大学出版社，2008.

1.1.2 功能视角

作为人类居住和活动的场所，建筑内外各部分都具有相应的使用功能。建筑入口的功能非常明确，在平面上起到联系、交流、组织等功能，在立面上有造型、围合、开闭、保温、防火等功能。以办公建筑为例：大、小办公室为办公、管理用房，是主要用房，多层与高层有所不同。会议室为交流、聚会场所，门厅、电梯厅、楼梯间为交通疏散空间，庭院为采光、通风休闲场所，地下为车库和设备用房。各功能空间的入口成为建筑中功能转换的媒介，是人从一个功能空间进入另一个功能空间的通道。如图1-1-3、图1-1-4所示的郑州大学综合管理中心，平面采用对称布局，主入口在中轴线上，设室外大台阶可直接到达二层门厅，并形成一层门厅入口雨篷。中轴两侧设东、西两个采光庭院，形成南、北楼和内部交通回廊。其主、次入口门厅是建筑内部重要的功能空间，承载着交通联系、交流和展示作用。

图1-1-1 河南偃师二里头博物馆室外广场空间
（图片来源：作者自摄）

（a）鸟瞰

（b）门厅空间

（c）内部交通

（d）室内外交互

（e）走道空间

图1-1-2　河南偃师二里头博物馆鸟瞰及室内公共空间
（图片来源：a：宁宁 摄；b～e：作者自摄）

图1-1-3 郑州大学入口、综合管理中心及五星广场
（图片来源：王晓峰 摄）

1.1.3 结构视角

建筑是一个由承重结构和围护结构构成的完整的结构体系。围护结构是建筑室内、室外环境之间的气候边界，起到抵御室外气候侵扰建筑内部的作用。入口是建筑气候边界上的结构开口和围护结构上的一个构件，起到局部联通室内外环境和室内外行为的作用。不同的建筑主体结构，可以对应相同的或不同的入口结构形式，这依据建筑师的设计手法和处理（图1-1-5）。

1.2 入口的特征

入口作为建筑空间和功能的有机组成，具有五个方面的基本特征：识别性、统一性、艺术性、文化性、连接性。

（a）建筑南立面

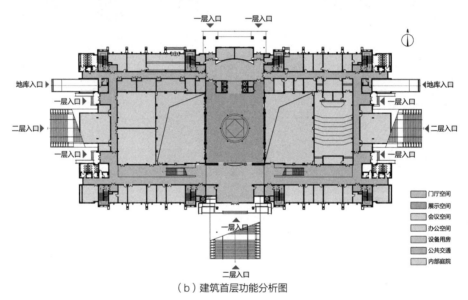

（b）建筑首层功能分析图

图1-1-4 郑州大学综合管理中心
（图片来源：a：作者自摄；b：邢素平绘）

1.2.1 识别性

作为进入建筑内部的主要通道，入口需要有明显的标志性，给予人足够的视觉引导，因此，建筑入口本身应该是醒目且易于寻找的。所以，建筑入口通常会被设置在立面的最显著位置和交通利于到达的位置，使其形式能凸出建筑本身。因此，建筑的名称、建筑所属的功能、建筑的地址、甚至设计师信息一般都会被标识在建筑入口的显著位置上。

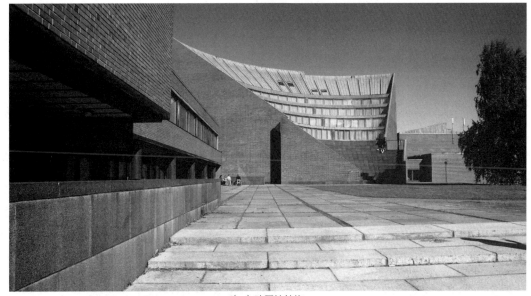

（a）砖围护结构

（b）钢结构入口构件

（c）异形玻璃幕墙结构入口

图1-1-5 结构视角下的建筑入口

（图片来源：作者自摄）

形式、结构、空间、材料的差异性能使入口从建筑立面上突显出来，具有较强的标志性。如图1-2-1所示的三星堆遗址博物馆入口采用图腾柱与三角形框架并列的排布形式，与建筑圆润的立面形成视觉对比，产生具有强烈引导性"门"字形入口符号和具有识别性的入口空间序列。

1.2.2 连接性

作为连接建筑内外部的主要枢纽，建筑入口（门厅、柱廊）按其空间属性是建筑的过渡空间，过渡空间是连接室内、室外空间的场所，也可以是内部空间的交通部分或者公共部分。通过设计，入口过渡空间可以使各组成部

图1-2-1　入口识别性案例：三星堆遗址博物馆入口

（图片来源：作者自摄）

图1-2-2　入口空间连接性案例：香港科技大学入口过廊

（图片来源：《Modern Architect》）

分之间达到功能、结构、形式的整体统一。过渡空间的连接性可柔化建筑各部分空间硬性的转换，形成良好的室内外环境（图1-2-2）。

通过过渡空间的连接，可以使入口与建筑内部空间在形式和空间氛围方面更加融合，空间情境得以起承转合，形成完美的空间秩序。避免入口与建筑内部空间生硬而突兀的转换，减少界面对视线的阻隔，使空间之间连成整体序列。同时使人的行为活动产生连贯性，使空间和时间上统一连接。建筑入口过渡空间的连接方式可以分为水平向连接和垂直向连接。入口的连接性不仅体现在使用者行为的交互（进出建筑），同时提供给人通过视觉（观景）、嗅觉（闻香）感受环境的媒介。

1.2.3 统一性

入口作为建筑的有机组成部分，根据建筑类型和使用性质、场地环境，需要与建筑整体空间形态相统一。入口与建筑相统一的方式主要有四个方面：风格统一、材料统一、结构统一、构成手法统一。如图1-2-3所示的建筑为红砖美术馆，该建筑在立面造型、铺地、室内装饰、建筑构件等处都用砖（红砖或青砖）作为材料，实现建筑在材料上的绝对统一，给人带来强烈的视觉冲击和建筑的整体感。在入口设计上也大量用相似的月亮门、拱门造型元素，建筑和砖的构造特点形成风格上的统一。

（a）场地入口

（b）内庭院空间

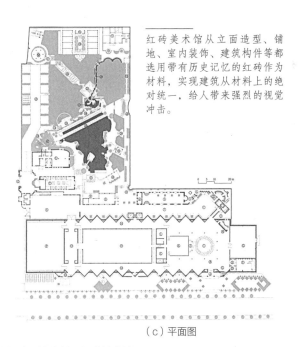
（c）平面图

红砖美术馆从立面造型、铺地、室内装饰、建筑构件等都选用带有历史记忆的红砖作为材料，实现建筑从材料上的绝对统一，给人带来强烈的视觉冲击。

图1-2-3 入口空间统一性案例：红砖美术馆
（图片来源：《Chinese Architecture Today》）

1.2.4 艺术性

建筑入口的艺术性通过其形式语言来表达。形式在此具有多种含义，它可以指能够辨认的外观，也可以指某物担当的角色或展示自身一种特定的状态。建筑形式是指内部结构与外部轮廓以及整体结合在一起的原则。形式通常是指三维的体量或容积的意思，而形状则更加明确地控制其外观的基本面貌，即布局或线条的相关排列方式及勾画一个图像或形式的轮廓。

为体现建筑的艺术性，古典建筑在设计中会使用丰富的形式化语言进行装饰，建筑入口中会出现大量的装饰造型。同时，其整体形式会尽量满足古典美学中的构成原则，如韵律、对称、比例、尺度等关系。现代建筑大多去除了繁杂的装饰，但除部分异形建筑外都会满足基本的构成原则。现代建筑更是摒弃单纯对建筑形体与立面的形式化处理，重视空间感受，因此空间的尺度感、空间的质感、空间内的光影、空间的色彩等处理都成为建筑艺术性的体现。

入口的艺术性也可通过对入口空间形式的处理或使其符合传统的构成原则来实现。现代建筑入口也可运用复古装饰，使其体现出古典建筑般丰富的美学特征。

中国美术学院建筑群组在设计上运用多种艺术构成手法，点、线、面、体的相互组织，产生了独特的建筑艺术美感，入口成为建筑造型中艺术性的表达形式（图1-2-4）。

1.2.5 文化性

入口是最能突出文化特征的建筑要素，中国传统建筑入口无论是屋宇式、门楼式或门脸式都能体现出传统文化特征和传统建筑特征。尤其中国传统建筑中的门头、门槛、门扇是传统文化元素、细部装饰较多的结构单元。民间故事、吉祥符号、动植物图形等木雕、砖雕都是建筑入口上常见的装饰符号，其中隐含着丰富的文化内涵。

在文化多元化的当代，人们对精神文化有着更多追求，入口的文化性也日益被建筑师所重视。对于建筑入口文化性的表达主要有两种方式：

（1）直接保留历史建筑的形式或片段，如入口大门、门头等形式。

（2）采用意向或抽象的方式提取特定建筑的文化符号。

图1-2-5所示建筑为柏林犹太人博物馆，新馆建筑不设对外入口，而借用原有历史建筑入口与门厅，通过地下连廊创造新与旧、历史与现代的文化传承。

图1-2-4　入口艺术性案例：中国美术学院建筑群组的不同入口造型
（图片来源：作者自摄）

苏州博物馆新馆从场地规划（苏州园林）、空间设计（传统合院）、建筑细部上（提取苏州传统民居门窗造型和色彩）都体现出对文化的尊重与传承（图1-2-6）。

1.3　入口的历史发展

建筑入口空间形式发展伴随建筑的起源和演变，大致经历了三个阶段：①利用无序列的天然洞口穴居；②空间序列的产生，外部空间、内部空间与过渡空间的形成；③空间序列的进一步丰富（图1-3-1）。

人类社会形成初期为满足生存需求，将居住空间选择在天然形成的洞穴和巢穴中，通过位置的选择避开外界生物与环境的侵扰，因此，入口处一般选择向阳的南坡，没有刻意的遮蔽，也不存在明确的空间序列和递进关系。自然洞口可直接通向天然洞穴，巢穴的内部、内外部空间无严格界限，这样的居住场所只起遮风避雨等应对自然气候的作用，而不具备防御、文化特征、美化环境等其他作用。这时的入口形态、尺寸都是自然界中现有的，人类并未对其进行刻意雕琢，只是对其加以直接利用。

（a）原有历史建筑

（b）新建博物馆造型

（c）内部直跑楼梯

（d）内部采光中庭

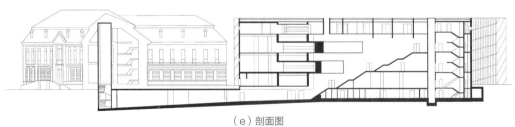
（e）剖面图

图1-2-5　直接保留历史建筑加建案例：柏林犹太人博物馆

（图片来源：a~d：作者自摄；e：侯智松 绘）

（a）入口空间

（b）外部空间

（c）入口门厅空间

图1-2-6　意向提取传统文化符号案例：苏州博物馆
（图片来源：a～c：白金妮 摄）

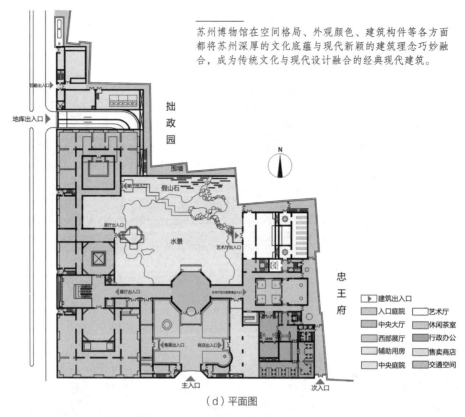

苏州博物馆在空间格局、外观颜色、建筑构件等各方面
都将苏州深厚的文化底蕴与现代新颖的建筑理念巧妙融
合，成为传统文化与现代设计融合的经典现代建筑。

（d）平面图

图1-2-6　意向提取传统文化符号案例：苏州博物馆（续）
（图片来源：d：邢素平 绘）

　　自人类开始营建活动以来，入口的空间序列逐渐出现，空间形式是根据
结构要求和使用者的需求创造出来的，多种入口形式由此产生。人类社会初
期由于生产力水平落后，建筑入口的空间层次比较简单，室内外用天然的草
木进行分隔，产生内外关系，同时室内外地面刻意创造高差（室内下沉），
由此产生垂直方向的空间划分，同时具有蓄热作用。

　　随着人类营建技巧逐渐成熟，各类人工建筑物与构筑物应运而生，人类
在自己搭建的过程中开始思考入口的防御性，门扇和门洞取代了天然洞口成
为建筑入口，自此真正出现了建筑入口空间的三个组成部分：靠近建筑入口
处的室外空间、入口所在的过渡空间和入口以内的室内空间，简单的入口空
间序列由此确立。此后建筑入口空间的发展都是围绕这三个基本部分逐步深
化。随着社会发展，人类社会的部族、村落、城市逐渐产生，人的居住、活
动范围进一步扩大，建筑类型、功能和形式趋于多样性，柱廊、门厅、入口
广场等建筑及环境要素逐渐出现，使建筑入口空间序列进一步丰富。

（a）天然洞穴

（b）人工搭建早期天然住所

（c）空间丰富的古典建筑

图1-3-1　建筑入口的早期起源

（图片来源：网络）

1.3.1　西方古典建筑入口发展概况

古埃及早期奴隶社会中陵墓、神庙等建筑最具代表性，这类建筑都具有浓厚的宗教色彩，入口空间通常进深较大，空间序列处在一条中轴线上，营造建筑的庄重与神秘感。

罗马时期的拱券、中世纪出现的尖券拱在原有基础上通过形式变化增大入口空间尺度，文艺复兴时期建筑在之前建筑风格的基础上加以完善和重构。总结西方古典宗教和公共建筑入口拥有以下主要特点：

（1）入口对称，设在中轴线上；

（2）空间序列结合广场空间由外至内；

（3）构件与空间尺寸按古典比例，尺度宏大；

（4）体现不同时期古典装饰风格。

1．古典风格入口

古典风格主要指古希腊式和古罗马式的建筑风格，是深受2500年前散布在地中海东部地区的小型城邦影响所形成的建筑风格。这时期建筑风格的主要特点是采用大型的石制结构创造出空前的对称性与完美的构图关系。古典柱式是古典主义风格的代表，体现出古典主义的典型风格特点，现存的古典主义风格入口处一般都矗立着具有绝对等差数列关系、对称的柱廊空间。如雅典卫城的入口（Propylaea on the Acropolis）是由多根多立克柱均匀划分空间形成有序的入口序列（图1-3-2）。

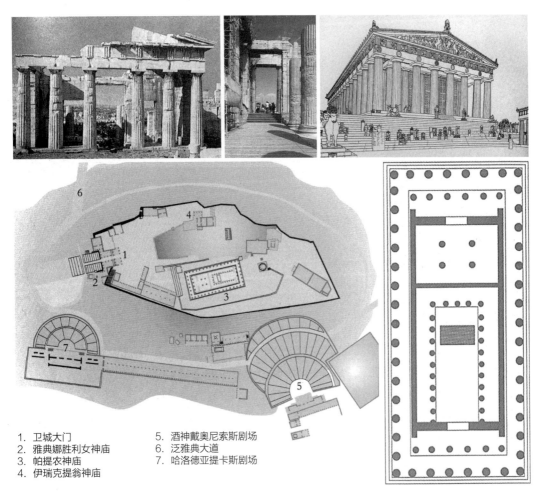

1. 卫城大门
2. 雅典娜胜利女神庙
3. 帕提农神庙
4. 伊瑞克提翁神庙
5. 酒神戴奥尼索斯剧场
6. 泛雅典大道
7. 哈洛德亚提卡斯剧场

图1-3-2 雅典卫城与帕提农神庙
（图片来源：《西洋建筑发展史话》）

2．罗马风格入口

罗马建筑将更强的实用性与希腊建筑精湛的工艺融为一体，通过大尺度和建筑形式的复杂性反映权利和财富。拱门是罗马风格入口的代表形式，拱券则是罗马风格的缩影，这种简单的承重方式从美索布达米亚发展而来，希腊人也逐步学习并开始应用，但拱券则是进入罗马时代后开始大量使用的。

3．拜占庭风格

东罗马的拜占庭帝国建筑继承了西罗马风格中的精髓：拱门与拱券。拜占庭建筑将拱门的弧线造型充分发挥：无论平面布局、立面形式，还是建筑构件中都大量采用弧形元素，入口形式也直接借用罗马拱门。拜占庭建筑造型与罗马风格相比少了些宏大叙事，却多了新奇与矛盾的冲突感，营造出一种诡异且难以捉摸的形象，其中最为人熟知的当属穹顶。

如图1-3-3所示，拜占庭建筑入口的拱门有以下特点：门窗形式的连续性和对称性强；较罗马风格其入口尺度偏小，在建筑整体比例中并不突出；拱门一般都伴有传统柱式、柱廊的雕塑。

4．伊斯兰风格

阿拉伯帝国的疆域在倭马亚王朝时期扩展到最大，首都在现叙利亚的大马士革，倭马亚王朝之后是阿巴斯王朝，首都是巴格达。该时期随着疆域的扩张，建筑风格受其他地域建筑的影响巨大，建筑上出现大量罗马、拜占庭和中亚建筑的装饰特点。

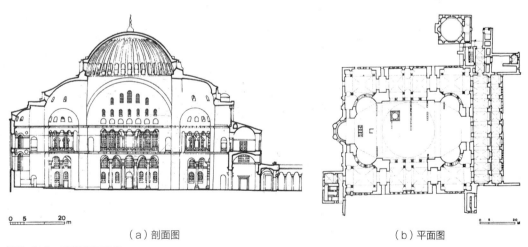

（a）剖面图　　　　　　　　　　（b）平面图

图1-3-3　圣索菲亚教堂
（图片来源：《拜占庭建筑》）

图1-3-4　伊斯兰风格：圆顶清真寺入口
（图片来源：网络）

　　这一时期的伊斯兰建筑平面规整，除了巨大的多重穹顶外，建筑墙面上色彩绚烂的装饰性图案尤为醒目，该时期伊斯兰建筑的入口尺度并不突出，加之鲜艳醒目的界面效果，进一步压缩了入口的"可见性"（图1-3-4）。同时伊斯兰建筑入口柱式纤细修长，缺少一些厚重感，即使宗教建筑的入口就其全体而言并不突出（图1-3-5）。

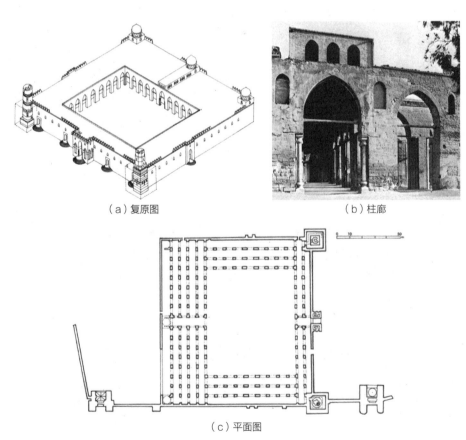

（a）复原图　　　　　　　　　　　（b）柱廊

（c）平面图

图1-3-5　哈基木清真寺
（图片来源：《伊斯兰建筑》）

5．哥特式风格

欧洲中世纪混乱的社会状况使庄园与城堡建筑更多呈现出明晰的功能性与防御性，而刻意减少了装饰性。只有宗教建筑是特例，作为地区和民族文化的象征，宗教建筑彰显出该社区的财富和威望，无论教堂还是修道院都形式坚固挺拔，布满各种石雕与装饰。欧洲中世纪哥特式建筑可以根据所处地区分为法国哥特式、英国哥特式、意大利哥特式、德国哥特式和欧洲北部哥特式，无论哪个地区的哥特式建筑，其入口的处理手法都极为相似。

中世纪的教堂入口巨大而复杂，由三重大门组成，位于教堂西侧，有时面向十字翼殿。中世纪教堂入口的尖形拱门具有强烈的风格化特点，门头层层内凹，每层都用石刻加以装饰，门扇通常符合黄金比例（图1-3-7），如图1-3-6所示的米兰大教堂，多层内收的尖拱上装饰着造型丰富的宗教题材石雕。

6．文艺复兴风格

文艺复兴风格出现在15世纪的意大利，是由中世纪以后经济的发展繁荣而形成的风格特点。文艺复兴中的建筑恢复了古典风格中的穹顶、拱券和人字形砖砌。其中的巅峰之作当属菲利普·布鲁耐莱斯基设计建造的圣母百花大教堂（图1-3-8）和圣彼得大教堂（图1-3-9）。巨大的体量和尺度显示出非凡气势，建筑中精美的雕刻艺术展现出中世纪以后建造技术的大发展。圣母百花大教堂入口采取与哥特式风格类似的尖拱门，但配色上摆脱中世纪建筑的稳重和沉闷，而更加鲜明、素净。该教堂是早期文艺复兴的代表。进入

（a）外观　　　　　　　　　　　（b）平面图

图1-3-6　米兰大教堂
（图片来源：a：作者自摄；b：《西洋建筑发展史话》）

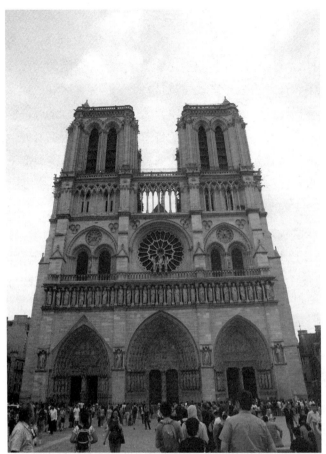

（a）外观之一

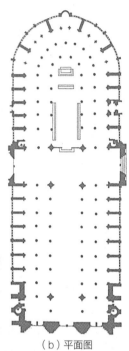

（b）平面图

（c）外观之二

图1-3-7　巴黎圣母院

（图片来源：a：作者自摄；b、c：《西洋建筑发展史话》）

（a）大教堂

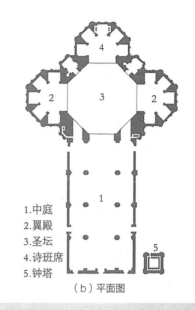
（b）平面图

1.中庭
2.翼殿
3.圣坛
4.诗班席
5.钟塔

（c）入口　　　　　　　　　　　（d）外观

图1-3-8　佛罗伦萨圣母百花大教堂
（图片来源：a：网络；b：《西洋建筑发展史话》；c、d：作者自摄）

盛期的文艺复兴除形式细节外，在整体布局中更加注重比例协调统一，入口门洞的设置和建筑入口与界面的关系都效仿古典主义建筑的比例关系，体现出古罗马、希腊建筑艺术相似的艺术性。

帕拉迪奥的设计充分显示古典建筑的整体比例与入口比例，帕拉迪奥被认为是建筑历史上第一位真正意义的建筑师，他的设计作品很多，主要以邸宅和别墅为主，最著名的作品是位于维琴察的圆厅别墅（1550~1551年），他同时也是一位建筑理论家，著有《建筑四书》（1570年），其建筑设计和著作的影响在18世纪达到顶峰，形成了所谓的"帕拉迪奥主义"，如图1-3-10所示的圆厅别墅是帕拉迪奥最为著名的设计。

帕拉迪奥擅长使用比例去控制整体与局部设计，他认为建筑高度应当是其平面长度与宽度的等差中项或者调和中项，例如，宽：高：长=6：8：12或6：9：12。同时他倾向于将建筑的各组成部分使用标准的几何图形进行构成：圆形、正方形、$\sqrt{2}$矩形、边长比3：4矩形、边长比2：3矩形、边长比

（a）远观

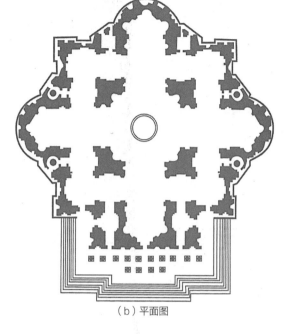

（b）平面图

（c）实景图

图1-3-9　圣彼得大教堂
（图片来源：a：网络；b：《西洋建筑发展史话》；c：作者自摄）

　　3：5矩形和两倍正方形（图1-3-11）。圆厅别墅中平面布局的各组成部分以及立面中的所有构件均是这几种比例图形的组合，该建筑平面为正方形，四个入口以大跨度柱廊的方式分布在四边，使平面形成正十字图形。图1-3-10所示的圆厅别墅四个入口平台平面也是正方形，而入口门洞的立面比例和入口处门廊平面则是两倍正方形。

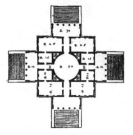

图1-3-10　圆厅别墅

（图片来源:《西洋建筑发展史话》）

图1-3-11　帕拉迪奥设计中的房间平面形式

（图片来源：作者抄绘）

7. 巴洛克与洛可可风格

受文艺复兴的深刻影响，在渴望寻求反对宗教与君主统治威严的背景下，设计师开始极力开发建筑的神秘感和装饰的复杂性。16~18世纪由意大利兴起，逐步蔓延至整个欧洲大陆的巴洛克建筑风格应运而生。

与哥特式和文艺复兴不同，在"反宗教运动"背景下巴洛克风格以极快的速度在世俗生活中流行，各类建筑都成为巴洛克风格的载体。例如意大利卡塔尼亚大学、谢尔登歌剧院等公共建筑也都留存下来，成为巴洛克风格建筑的代表。意大利式和英式巴洛克入口设计最显著的特点是柱式的灵活排列，不仅有柱廊式的入口门廊，也嵌入墙体，起到与扶壁类似的结构功能。

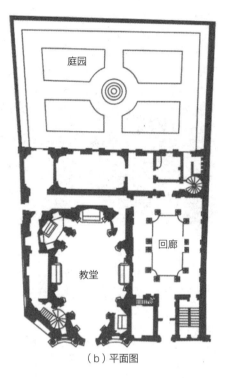

（a）入口　　　　　　　　　　　　　　（b）平面图

图1-3-12　佛罗伦萨圣卡洛教堂

（图片来源：《西洋建筑发展史话》）

巴洛克风格建筑中大量使用曲线和曲面的建筑构件，如图1-3-12所示的佛罗伦萨圣卡洛教堂入口，其柱头上方的腰线采用连续曲线的弯折，从平面上看如"S"形，这样的凹凸关系使建筑立面形式和入口造型进一步衬托。

8.古典复兴风格

19世纪末至20世纪初，已经进入现代主义初期，在此期间，现代主义建筑与古典主义风格相互交替，世界各地涌现出一大批古典复兴主义建筑。该时期的强权政治制度在全球蔓延，各国领导人通过建造雄浑壮阔的古典建筑形式建筑彰显其至高无上的权利。相继复苏古罗马复兴主义风格、古希腊复兴主义风格、哥特复兴主义风格，以及巴洛克复兴主义风格。

这一时期的建筑入口大量复制古典建筑中的柱廊、拱券、壁龛、方尖碑、人像柱等结构与装饰性要素，这些要素大量出现在入口、屋面及门、窗上，入口构件与门洞还会采用超常规的建筑尺度（图1-3-13）。

9.早期现代风格

早期现代主义风格开始于20世纪初期，其主要流派有芝加哥学派、草原风格、美国乡村风格、新艺术主义、加泰罗尼亚现代主义（图1-3-14）、功

（a）中央塔   （b）想象透视图

图1-3-13　古典复兴风格代表案例：圣彼得堡海军总部

（图片来源：网络）

图1-3-14　加泰罗尼亚现代主义代表作：巴塞罗那米拉公寓

（图片来源：作者自摄）

能主义、构成主义，以及包豪斯。该时期的建筑风格代表着现代建筑形成初期建筑设计师对非工业化设计的探索，现代主义代表着大众的、无产阶级的、批量的、低造价的，因此建筑设计中开始逐步抛弃繁琐的装饰，并广泛采用新型工业材料，钢筋混凝土和金属框架结构被大量使用。

10．战后现代风格

战后各国经济的复苏使文化、艺术都呈现出多元化的发展趋势，现代建筑设计逐渐抛弃固有的构图原则和功能至上的设计准则，逐步打破盒子建筑的几何式桎梏，粗野主义、后现代主义、解构主义、流体建筑等创造着新的建筑形式和风格（图1-3-15～图1-3-17）。

信息与计算机技术的发展将数据分析介入建筑设计中，建筑也呈现出更

<table>
<tr><td>（a）萨伏伊别墅</td><td>（b）意大利文化宫</td></tr>
</table>

图1-3-15　现代主义经典建筑1
（图片来源:《建筑风格导读》）

<table>
<tr><td>（a）母亲之家</td><td>（b）斯图加特州立美术馆</td></tr>
</table>

图1-3-16　现代主义经典建筑2
（图片来源:《后现代主义的故事》）

加理性和合理的形式与结构。建筑入口的设计手法也呈现出更加多元的发展趋势。

1.3.2　中国建筑入口发展概况

1．中国古典建筑入口概况

空间限定方式和限定程度存在差异,建筑入口空间根据限定程度可分成浅空间、深空间和扩展空间三类。这三种限定方式在构成要素丰富的中国古典建筑入口中表现得尤为突出。

浅空间的概念源于绘画中平面空间的概念。平面空间是指由画面及其四边围合而成的空间。平面空间不是绝对的"平",在平面空间组织中起到

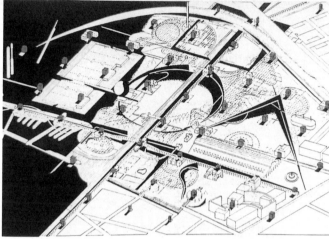

图1-3-17 解构主义代表案例：拉维莱特公园建筑
（图片来源：伯纳德·屈米《建筑概念：红不只是一种颜色》）

重要作用的图形与背景的关系就是一种空间的进退关系，这种进退关系被控制在一个极浅的深度内，故称为浅空间。就建筑入口而言，属于浅空间类型的即是门洞类型，空间深度仅限于建筑外围护结构的厚度，如"随墙式门""坊表式门"等（图1-3-18）。

深空间从概念上同浅空间相对，特指在水平方向有一定深度和层次的空间形式。在中国传统建筑中，深、浅两种空间形态不同主要是因为空间顶面限定要素的结构形式不同。深空间型入口采用悬挑或架空的结构形式，表现为檐下空间或是廊空间。这种入口空间形态在中国传统民居建筑中应用尤为广泛（图1-3-19）。

扩展空间是深空间向内延伸和向外扩展，其

图1-3-18 西递村坊门
（图片来源：作者自摄）

图1-3-19　南阳荆紫关清代商业街及店铺
（图片来源：作者自摄）

限定要素不局限于入口实体本身，还取决于入口周边的环境要素。这类入口空间的限定要素种类繁多，除表现在地面水平高差和铺装差异之外，还通过墙、柱、篱笆、栏杆、石凳、雕刻、修剪过的树篱等景观小品得以呈现。

限定要素本身高低不一，虚实有别，外部空间边缘限定要素的种类也迥然不同，所以，不完全限定的外部空间非常富有变化，一般也不会是单一空间，而是由多个单一空间组成的空间群。这种入口空间类型一般在高等级的建筑和自然环境中的建筑中出现得较多，如王府、寺庙等，规格较高的民居中有时也使用此种形式，如图1-3-20所示的张谷英村民居就是多重空间嵌套的建筑形式，建筑入口也层层相连。

2．中国近代建筑入口概况

近代中国整体处在半殖民地半封建社会，近代化的步伐既蹒跚又曲折。中国近代建筑在此环境下发展极不平衡，呈现出古典与现代、中式与西式并存的局面。近代中国的现代建筑从西方引入，古典建筑在原有风格基础上缓慢改造、转型。总体来说，中国近代建筑处于古典至现代的转型期，呈现出中西交汇、新旧交替的情况。

中国近代"洋房"也被称为"外廊样式"，这样的建筑形式以带有外廊的立面空间层次为主要特征（图1-3-21）。日本建筑史学家藤森照信将这类建筑称作"中国近代建筑的原点"。

随着西方殖民者在近代中国社会的深入，中国的建筑也变得更加"西化"，该时期欧洲盛行折中主义，因此中国大量西洋建筑也出现这种同一建筑多种风格混杂的折中风格，例如，上海汇丰银行、天津德国领事馆、上海华俄道胜银行等。折中主义风格基本跨越了整个中国近代史，也成为中国近代建筑的基调，我国现存的近代建筑基本都是此种风格。近代中国传统复兴主义建筑也伴随着"西洋折中"逐步发展。近代传统复兴建筑的整体体量和基本形式已经是西方建筑的多体量组合，复兴则更多地体现在建筑构件，尤

（a）建筑入口立面

（b）建筑内部层层递进的入口与天井

（c）入口大门

图1-3-20　张谷英村民居主入口

（图片来源：作者自摄）

其是屋顶、护栏等传统元素的使用。

　　建筑入口构件通常也使用"中西合璧"的做法。如图1-3-22所示，建筑入口整体采用形式、比例偏西方的拱门（西式的拱石做法）和扶栏，内嵌的木质门扇、窗棂则是中式造型。

　　中国近代建筑入口中

图1-3-21　中国近代建筑中通过中庭与门廊联系的多层次入口空间

（图片来源：作者自摄）

的装饰性构件丰富且繁杂，既有传统建筑的木雕、砖雕，也有西洋建筑中的铁艺和柱头。这样的冲突与融合构成中国近代建筑入口独特的"多样性"。

图1-3-22 近代传统复兴主义建筑入口
（图片来源：作者自摄）

3．中国现代建筑入口概况

中华人民共和国成立初期，由于苏联援助建设时期和政治运动的时代背景，出现了复古主义、折中主义和现代主义多种风格的影响（图1-3-23、图1-3-24）。随着20世纪80年代改革开放的进行与深化，中国现代建筑借鉴各国现代建筑思潮，加上建筑教育体系的完善和系统化发展，建筑业开始进入整体良性发展的态势。

图1-3-23 中国现代复古主义建筑入口案例：中国美术馆
（图片来源：作者自摄）

图1-3-24 中国现代主义建筑入口案例：中国国家博物馆
（图片来源：作者自摄）

2
现代建筑入口

入口设计伴随建筑功能与规模的不断发展，满足对建筑功能性、标示性、象征性等多方面的物质和文化需求。建筑入口发展演变过程和建筑的发展并不完全重合，其演变过程受多方面影响，包括自然环境、政治权利和经济技术的发展、新材料的应用以及文化引导和宗教信仰等。

建筑入口的发展过程并非沿固定规律逐步演变，而是有选择性地为生产生活服务提供更加合理的空间、尺度与形式。本章将从建筑入口的空间分类、构成要素（空间–实体要素）两方面对建筑入口的组成进行阐述。

现代建筑中往往包含着多个功能不同的入口（主、次入口），如以人流疏散为主的主入口、内部人员使用的次入口等。如果建筑群体扩大到一个街区、组团则需要考虑的入口因素则更为复杂，本章节的研究对象则主要是实体建筑的主入口设计。

2.1 入口的分类

以入口空间形态而言，入口最常见的类型就是两种：对称入口和非对称入口。建筑的对称导致建筑入口往往设在中轴线的中心位置，形成古典三段式的完美构图形式。而非对称建筑的入口具有更大的灵活性，一般与整体建筑起到对比、均衡和协调的效果，加之入口形态本身的特点，如平、凸、凹、高、低、开、隐、合、闭、透等不同形式，建筑入口的类型丰富多彩，本章从水平向分类和垂直向分类来进行总结和分析。

2.1.1 水平向分类

建筑设计中，根据入口与建筑的水平向关系可分为以下主要六种类型：连续式、凸出式、内凹式、游离式、穿行式、转角式。

1. 连续式

连续式入口是最常见的入口类型，入口门洞直接开在建筑立面的墙体界面上，入口构件（门扇、门框等）成为建筑外立面完整界面的一部分。该类型使建筑立面保持平整、连续，建筑外墙更具整体感，立面构图也更加纯粹、简洁。建筑内外空间被界面直接划分，且由连续式入口直接串联，形成连续的空间序列，无过渡转换。如图2-1-1、图2-1-2所示，上海代代艺术博物馆笔直的正立面将室内外空间清晰地划分和界定。

适用范围：①建筑立面与规划红线靠近的基地；②功能上需要与外界相对隔绝的场地。

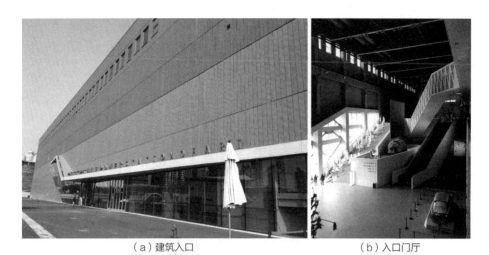

（a）建筑入口　　　　　　　　　　（b）入口门厅

图2-1-1　连续式入口案例：上海代代艺术博物馆
（图片来源：陈伟莹 摄）

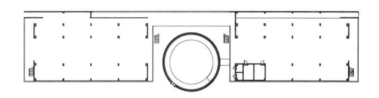

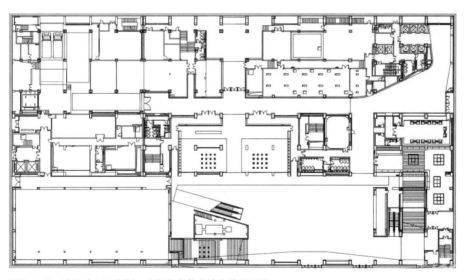

图2-1-2　连续式入口案例：上海代代艺术博物馆平面图
（图片来源：网络）

2. 凸出式

凸出式入口以门厅、门斗或门廊的形式突出建筑界面以外，形成由外及内的递进式空间序列，也被称为"加法入口"。该类入口空间及界面向外凸出，识别性和引导性较强。入口处形成的独立、围合式（半围合）空间与建筑室内直接相连，该类型入口虽无法保证入口界面的连续性，但凸出的过渡空间起到交通疏导、行为庇护的作用，同时，突出部分的形态与结构能创造入口特别的视觉效果，带来独特的设计感。

突出室外的部分主要有门厅、门斗、雨篷、柱檐、柱廊。门厅和门斗是封闭室内空间，有具体功能性，与室内直接相连，或作为室内空间的一部分。雨篷、柱檐和柱廊挑出室外界面，形成入口处半遮蔽的灰空间，对人起到一定的庇护作用，且使用者不局限于进出建筑的人群，具有更强的公共性（图2-1-3）。图2-1-3左图中入口凸出连廊，形成门廊，图2-1-3右图中入口结合室外楼梯，形成独立的上下入口形式，在室外对人流进行组织和疏散。

适用范围：①公共性较强的场所；②人流来自多个方向，需要强烈引导性的场地环境；③设在有显著标示性的建筑物上。

图2-1-3 凸出式入口
（图片来源：作者自摄）

3. 内凹式

内凹式入口楔入建筑立面，入口空间被建筑内部空间包围，且入口结构也与建筑结构共用，亦称为"减法入口"。内凹部分的体量大小不同产生不同的设计效果：较浅的内凹产生丰富的光影和立面虚实效果，丰富立面层次；较深的内凹创造更明确的入口空间序列，可以组织相对具体的入口功能（休息、等候、寄存、展览等）。

内凹式入口不占用建筑外部空间，为入口处人流提供缓冲带，便于组织室外环境，缓解入口交通压力，适用于用地紧张的基地。一些现代大型建筑为取得一种特殊的文化含义或震撼的视觉效果也常采用这种类型的入口。内凹的入口空间被内部空间围合，入口与室内空间的关系紧密。内凹的入口空间上会加设雨篷或柱檐，提供顶部遮蔽，形成室外空间、过渡空间（灰空间）、室内空间三重清晰地空间序列，如图2-1-4，安阳博物馆采用内凹式入口，保证建筑形态的整体性，亦有引入、欢迎之意。

天津港企业文化中心入口内凹的同时，利用玻璃材质与实体墙面之间的虚实对比，进一步增加内凹入口的标识性（图2-1-5）。

适用范围：①建筑立面与规划红线靠近的基地，或入口空间严格界定的场地；②建筑内、外需彼此交互的建筑。

4．游离式

游离式入口和建筑主体分离，彼此间无直接空间联系，该类建筑入口作为独立于建筑的元素存在，结构体系分离，有时形式也与建筑无绝对关联、甚至反差巨大。入口的游离部分可以是构筑物：雨篷，游廊，或是具有一定功能的构筑物（售票处、接待处、小展厅等）。

图2-1-4　安阳博物馆入口
（图片来源：作者自摄）

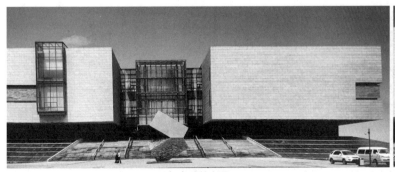

（a）建筑立面　　　　　　　　　　　　　　　　（b）建筑入口

图2-1-5　天津港企业文化中心
（图片来源：《建筑中国：中国当代优秀建筑作品集1》）

游离式入口的标示性更强，犹如建筑前的一个雕塑或附属建筑，形成由外至内、再到外、再入内的四重空间序列，对建筑的缓冲作用更明显。

如图2-1-6所示，北京西单中国银行入口的球形玻璃造型，突出了几何造型，给城市空间带来了活泼因素，且球体空间游离于建筑主体，在形式上与整体建筑形成反差，具有极强的标志性和引导性。

适用范围：①具有更强象征性、标识性的建筑；②有更高安全需求的建筑，入口需有更大空间的缓冲。

图2-1-6　北京西单中国银行入口
（图片来源：作者自摄）

5. 穿行式

穿行式入口空间贯通建筑主体，使建筑的两侧环境彼此连通，增加了建筑外部空间的融合。入口门洞相对，朝向入口过渡空间，而非与外部环境直接相连，具有较好的私密性和隐蔽性。穿行式分为一般穿行式、底层穿行式和底层穿行柱廊式三种（图2-1-7），其中一般穿行式室外环境的连通性最强，而底层穿行式和底层穿行柱廊式入口的隐蔽性则更佳。

适用范围：①复合型建筑（由多个单体构成的综合建筑）；②需底层架空的建筑；③入口不宜直接朝外，需有一定隐蔽性的建筑。

图2-1-7　穿行式入口
（图片来源：作者自摄）

6. 转角式

当入口位于建筑转角处，为留够入口尺寸，将建筑转角做转角处理，入口放置于转角位置。当建筑位于道路交叉口时，为使入口同时满足两个方向交通流线的需求，会在建筑上采用转角式入口布置。当建筑只在首层做转角处理时，由于结构需求，会保留转角位置的结构柱，由此形成转角柱檐式入口。

如图2-1-8（a）所示，建筑转角式入口上采用水平雨篷连接整体造型；图2-1-8（b）中的高层建筑转角入口，上下虚空对比，尺度相宜；图2-1-8（c）中，在建筑转角处增设层层挑台，赋予室外交流功能的同时，增加建筑转角处入口的引导与标识性。

适用范围：建筑位于道路交叉口，入口需满足不同方向人流需求。

（a）　　　　　　　　　　　　　　　　（b）

（c）

图2-1-8　转角式入口
（图片来源：a、b：作者自摄；c：《中国新建筑2》）

7．水平向建筑入口特征、案例

入口名称	特点	图例
连续式入口	入口由一条平直水平界面直接划分为内外两部分空间，内外空间由入口门洞直接连接，内外空间界限分明	

连续式入口

入口由一条平直水平界面直接划分为内外两部分空间，内外空间由入口门洞直接连接，内外空间界限分明。

（a）河南新县图书馆入口

（b）河南新县图书馆全貌

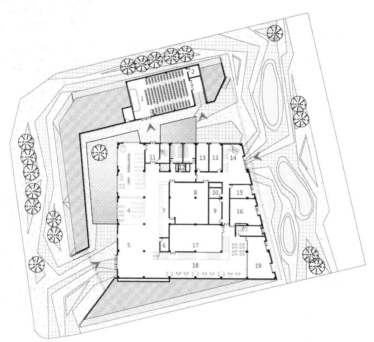

（c）河南新县图书馆首层平面图

入口名称		特点	图例
凸出式	凸出式	入口处设置突出于建筑界面的门厅或门斗，形成凸出式入口，凸出式入口的门洞一般位于其凸出部分的正面，有时也会位于突出部分的两侧，增加进入建筑内部的流线和方向	

凸出式入口

在入口处设置凸出界面向外的室内或半室内空间，以门厅或门斗的形式创造递进式的空间序列，入口标志性强。

（a）洛阳市规划展览馆凸出式入口

（b）洛阳市规划展览馆入口效果图

（c）河南大学礼堂凸出式入口

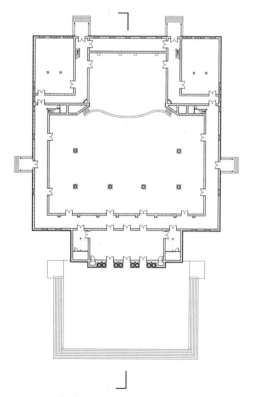

（e）河南大学礼堂首层平面图

（d）河南大学礼堂正立面

（f）办公建筑柱廊式凸出入口案例　　　　　　　　（g）教育建筑柱廊式凸出入口案例

（h）建筑入口凸出的玻璃门厅　　　　　　　　（i）柱廊与玻璃相结合的凸出式入口

（j）不同方向的凸出式入口设计案例

入口名称		特点	图例
凸出式	雨篷式	凸出式入口的另一种形式，在连续界面的入口位置加设雨篷，雨篷一般采用轻薄的构造，避免破坏建筑界面连续性的同时起到一定的室外空间界定作用	

雨篷式入口

连续式入口的一种形式，在连续界面的入口位置加设雨篷，雨篷一般采用轻薄的构造，避免破坏建筑界面的连续性。

（a）教育建筑雨篷式入口

（b）商业建筑雨篷式入口

（c）办公建筑多段式雨篷

（d）多层次雨篷式入口

（e）办公建筑入口轻质雨篷

（f）办公建筑入口轻质雨篷

入口名称		特点	图例
凸出式	檐柱式	凸出式入口的其中一种形式，雨篷下加结构柱，甚至柱廊，可增大雨篷体量，进而赋予雨篷更多功能。同时增加了入口的标识性和引导作用	

檐柱式入口

雨篷式入口的其中一种形式，通常厚重雨篷荷载较大时，设置立柱对其加以支撑。檐柱较大的体量突出建筑界面，对界面连续性产生一定影响，但却增加了入口的标识性和引导作用。

（a）与建筑风格统一的檐柱式入口

（b）鞍山钢铁厂办公楼檐柱式入口

（c）色彩上形成反差的檐柱式入口

（d）与门廊相连的檐柱式入口

（e）仿生形态檐柱式入口

（f）双层檐柱式入口

（g）檐柱上方空间有具体功能的入口　　　　　　（h）亲切尺度的檐柱式入口空间

（j）古典檐柱式入口2

（i）古典檐柱式入口1　　　　　　　　　　　（k）古典檐柱式入口3

入口名称		特点	图例
凸出式	柱廊式	柱廊贯穿整个立面的入口形式,与柱檐式入口相类似,柱廊形成的局部遮蔽创造出入口前贯穿整个立面的灰空间	

柱廊式入口

柱廊贯穿整个立面的入口形式,与柱檐式入口相类似,柱廊形成的局部遮蔽创造出入口前贯穿整个立面的灰空间。

(a)台南图书馆

(b)柏林勃兰登堡机场

(c)台南图书馆

(d)有明竞技体操馆

（e）Eli & Edythe美术馆

（f）厦门大学科学艺术中心

（g）金地贝克湾

（h）中国国家博物馆

（i）辽宁科技馆入口柱廊

（j）商业综合体建筑入口柱廊

入口名称		特点	图例
内凹式	内凹式	建筑入口界面局部内推，形成内凹的入口过渡空间，内凹空间三面围合，引导行为流线的同时，丰富建筑立面的关系	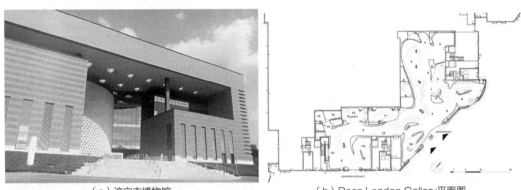

内凹式入口

建筑入口界面局部内推，形成内凹的入口过渡空间，内凹空间三面围合，引导行为流线的同时，增加建筑立面的关系。

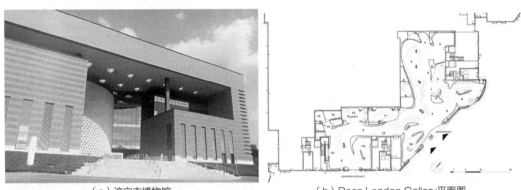

（a）济宁市博物馆　　　　　　　　　　（b）Roca London Gallery平面图

（c）Roca London Gallery内凹式入口

（d）北京天文馆内凹式入口　　　　　　（e）CLUB LUSITANO 内凹式入口

（f）跨层的内凹式入口案例　　　　　　　　（g）具有虚实对比关系的内凹式入口

（h）斯托克莱宫内凹式入口　　　　　　　　　（i）折面上的内凹入口案例

（j）教育建筑立面转角上的内凹式入口　　　　（k）深圳大学机电与控制工程学院入口

（l）广州市图书馆入口

（n）深圳市南山博物馆

（m）香港中银大厦内凹式入口

（o）莫斯科霍洛舒购物中心

入口名称		特点	图例
内凹式	内凹雨篷式	内凹式的另一种形式，在内凹空间中加设雨篷，使内凹空间的遮蔽性更强，更有利于人员驻留，进一步模糊内外空间界限	

内凹雨篷式入口

内凹式的另一种形式，在内凹空间中加设雨篷，使内凹空间的遮蔽性更强，更有利于人员驻留，进一步模糊内外空间界限。

（a）转角处的内凹斜向雨篷式入口

（b）济宁市群众艺术馆入口

（c）太平金融大厦入口

（d）Concgrdia Plara入口

（e）美国国家美术馆入口1

（f）美国国家美术馆入口2

入口名称		特点	图例
内凹式	内凹柱檐式	内凹式入口的第三种形式，内凹部分空间与外部环境之间被列柱分隔，空间序列更清晰，入口秩序感和引导性更强	

内凹柱檐式入口

内凹式入口的第三种形式，内凹部分空间与外部环境之间被列柱分隔，空间序列更清晰，入口秩序感和引导性更强。

（a）清华大学博物馆入口设计

（b）清华大学博物馆入口设计

（c）亲切尺度内凹柱檐式入口

（d）大尺度内凹柱檐式入口

（e）商业建筑内凹柱檐式入口

（f）教育建筑内凹柱檐式入口

入口名称		特点	图例
游离式	游离式	入口空间独立存在，游离于建筑主体以外，与建筑主体拉开一定距离，该空间可以是封闭或半封闭的，由此产生由外部至入口空间再至建筑内部的递进式空间序列。形成外—内—外—内的四重递进空间序列	

游离式入口

入口空间独立存在，游离于建筑主体以外，与建筑主体拉开一定的距离，该空间可以是封闭或半封闭的，由此产生由外部至入口空间再至建筑内部的递进式空间序列。形成外-内-外-内的四重递进空间序列。

（a）教学建筑游离式入口设计

（b）中国人民银行游离式入口设计

（c）河南烟草大厦游离式入口设计

（d）高尔基市列宁博物馆游离式入口设计

（e）内凹空间中的游离式入口案例

（f）转角处的游离式入口案例

入口名称		特点	图例
穿行式	底层穿行式	建筑两侧室内空间入口由通廊空间贯通相连，形成外部空间、入口贯通空间、入口、室内空间的序列关系	

底层穿行式入口

建筑底层中部局部架空，形成中部贯通的通廊，建筑入口门洞位于通廊两侧，彼此相对。穿行式入口贯通的门廊在联通建筑前后空间的同时形成自然的过渡灰空间，供人临时逗留等候。

（a）办公建筑穿行式入口

（b）穿行式入口案例

（c）中国孙子文化园入口

（d）体育建筑中的穿行式入口

（e）带雨篷的穿行式入口

入口名称		特点	图例
穿行式	底层穿行柱廊式	建筑两侧室内空间入口由通廊空间贯通相连，形成外部空间—入口贯通空间—入口室内空间的序列关系，入口贯通空间通常设结构柱	

底层穿行柱廊式入口

入口空间贯通建筑，沟通了建筑前后环境的同时，也将外部环境自然引入建筑中，入口门被隐藏于贯通空间两侧。

（a）BRIEF办公总部入口

（b）转角处的底层穿行柱廊式入口

（c）水平界面上的底层穿行柱廊式入口

（d）抬起的底层穿行柱廊式入口

（e）高维大厦入口

入口名称		特点	图例
转角式	转角式	入口位于建筑相交界面的夹角位置，联系建筑与两个方面的交通，具有更佳的通行性与引导作用	

转角式入口

入口位于建筑相交界面的夹角位置，联系建筑与两个方面的交通，具有更佳的通行性与引导作用。

（a）商业建筑转角入口1

（c）高层建筑转角入口

（b）带柱廊的转角入口

（d）商业建筑转角入口2　　　（e）中信银行武汉分行入口

（f）长春市活力城入口

（g）居住建筑转角式入口

（h）柱廊式转角入口

（i）圆弧玻璃幕墙切角入口

（j）新古典主义风格转角入口设计

入口名称		特点	图例
转角式	转角柱檐式	转角式入口的另一种形式，加角柱的设置增加了建筑结构的稳定性，也为建筑两个方向的立面起到了完形效果	

转角柱檐式入口

转角式入口的另一种形式，加角柱的设置增加了建筑结构的稳定性，也为建筑两个方向的立面起到了完形效果。

（a）金地贝克湾入口

（b）高维大厦入口

（c）苏州海胥澜庭入口

2.1.2 竖直向分类

入口按与建筑的垂直向组织关系可以分为七种：水平式、抬起式、下沉式、复合式、顶入式、架空式、桥接式。

1. 水平式

水平型建筑入口是最常见的竖向组织形式。指室内外地平基本处在同一标高的入口形式。人流进出该类型入口时的行走路线一目了然，且室内外环境自然交互。因此一般的住宅类建筑、旅馆、小型商业、餐饮类等与人居住、生活日常紧密相关的建筑通常会采用水平式入口。

如图2-1-9（a）所示，河南艺术中心的玻璃幕墙面自然形成水平入口。图2-1-9（b）中，河南会展中心低层柱廊与上部玻璃幕墙自然过渡，形成水平连续入口。

2. 抬起式

抬起式建筑入口的门洞位置高于室外地平标高，室内外空间通过台阶、坡道等架高构件连接。产生抬高型入口的原因包括人为设计因素和自然因素。

人为设计因素：根据建筑功能要求、使用者心理需求和美学、构图要求人为设计的抬高型入口。该类型入口使人产生仰视效果，给人以庄严、肃穆、居高临下的心理感受，宗教类建筑（神庙、教堂）、防御型建筑通常都有较高的台基设计，入口抬起。其他能使人产生敬畏感的建筑通常也采用这样的入口形式：例如宗教建筑、司法机关大厦、陵园等。同时建筑低层部分

（a）河南艺术中心入口　　　　　　　　　（b）河南会展中心入口

图2-1-9　水平式入口
（图片来源：作者自摄）

根据功能需求（仓储、停车、设备等）无法承载入口要求的，也通过抬高入口标高巧妙避开。门前的台阶、坡道不仅具有组织交通的功能性，通过特别的设计手法可以成为建筑形态、环境互联的建筑景观，例如入口处景观坡道、入口阶梯式休息空间等。

如图2-1-10所示，建筑的室外大台阶，主入口均位于二层，解决了人流交通疏散的问题，并使外部造型气势宏伟，具有公共建筑特征。

自然因素：抬起式建筑入口的产生也可能由自然因素产生，其中最直接的是地形因素，由于基地地形存在较大高差变化，为减少施工土方量，在原有地形基础上进行的设计形成抬高式入口。

图2-1-10　抬起式入口
（图片来源：作者自摄）

如图2-1-11所示，甲午海战纪念馆结合海岸地形，入口通过平台、台阶进行有机组合，形成入口。入口雨篷采用穿插手法，雨篷造型延续到室内，增强了室内外空间与视觉的联动。

（a）建筑外景

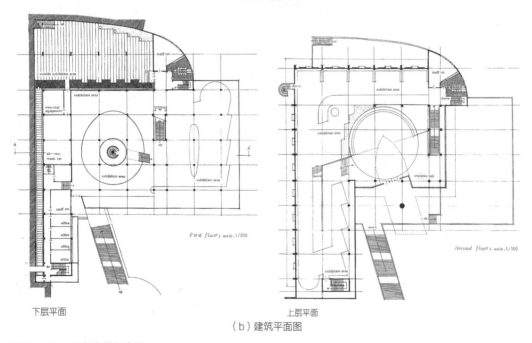

下层平面　　　　　　　　　　　　　　上层平面

（b）建筑平面图

图2-1-11　甲午海战纪念馆

（图片来源：《感悟与探寻》）

3．下沉式

建筑入口做下沉处理时，入口在水平视线内不可见，达到消隐门洞、门扇的效果，增强建筑立面的完整性和统一性。下沉型入口将人流引入下沉空间，节约用地的同时避开视线而使建筑显得安静、平和。下沉式入口伴随着建筑的地下空间，由此有效增加了建筑容积率，但地下部分的采光效果较差，可以用于布置停车、仓储、设备等辅助性功能或报告厅等对采光要求不高的功能空间（图2-1-12）。

图2-1-12　下沉式入口案例
（图片来源：作者自摄）

4．复合式

当建筑入口的竖向组织关系中同时出现水平型、抬高型、下沉型或者其中两种类型时，该入口被称为复合型入口。此类入口方式增加了建筑的交通组织方式，同时创造丰富多样的立面效果。

复合型入口可以分散密集的、不同目的走向的人流，减轻单一标高建筑入口的通行压力，通常应用于人流较大的建筑类型：商业、娱乐、文化（图2-1-13）等。由多个功能空间组成，且各空间位于不同层高的建筑（商业综合体、教育综合体等）使用此类入口使不同人群通达的便利度增加。此外结构跨度巨大的大跨度建筑，巨大的体量为保证交通流线的便利也采用复合型入口，例如体育馆、机场、车站等。

图2-1-13　内蒙古科技馆新馆抬起与下沉式入口
（图片来源：作者自摄）

5．顶入式

顶入式入口是被用于下沉式建筑和地下建筑中的入口类型，入口位于建筑顶部屋面，人流通过台阶或坡道通过入口引入地下空间内。我国黄河中下游地区的地坑院建筑是较早的下沉民居建筑类型，其入口采用弯折的窄长形台阶进行交通联系。

随着科技的发展，竖向交通的方式也来越丰富，连接地面与地下的交通手段也更加多元，地下建筑与地下设施的顶入式入口方式也更加多样：电梯、旋转楼梯等设施都被用于顶入式入口中，但狭长的坡道和台阶能给人带来缓缓而下的体验感（图2-1-14）。

6．架空式

架空式入口将建筑底层局部架空，形成贯通的底层通廊，架空式入口贯通廊链接前后空间，同时形成自然的具有顶部遮挡的过渡灰空间（图2-1-15），

（a）地上玻璃金字塔　　　　　　　　　　　　（b）地下门厅

图2-1-14　巴黎卢浮宫入口
（图片来源：作者自摄）

图2-1-15　架空式建筑
（图片来源：作者自摄）

可供人临时逗留等候。架空空间有时会设置结构柱或局部景观，供人逗留、休憩。

7. 桥接式

由于地形或设计需要，部分入口设置于建筑二层或以上位置时，会采用架桥的方式进行入口与室外环境的联系。也有部分建筑会在首层入口处设置水景等环境要素，因此需要引用桥这种构件建立起外部环境与室内空间的联系（图2-1-16）。

桥接使建筑入口与外部交通或广场拉开一定距离，通过窄长的桥进行连接，使建筑与外部环境间拉开一定距离，减少了室外环境对于建筑内部的干扰，同时，桥接的方式也增加了空间过渡，创造了建筑内外联系的趣味性。

图2-1-16　桥接入口：Jatta职业高级中学

（图片来源：《学校印象》）

8. 竖直向建筑入口特征、案例（表2-1-1）

建筑入口竖直向分类表　　　　　　　　　表2-1-1

入口名称	特点	图例
水平式	最常见的竖向入口形式，建筑室内外空间由首层连续界面直接分隔，门洞直接开在界面上，室内外空间通过入口门洞直接联通，无过渡空间	

最常见的竖向入口形式，建筑室内外空间由首层连续界面直接分隔，门洞直接开在界面上，室内外空间通过入口门洞直接联通，无过渡空间。

（a）商业建筑中的水平式入口1　　　　　　　　　　（b）商业建筑中的水平式入口2

（c）MUSE科技馆水平式入口　　　　　　　　　　　（d）水平式入口实例

（e）会展建筑中的水平式入口　　　　　　　　　　（f）办公建筑中的水平式入口

入口名称	特点	图例
抬起式	入口位于建筑二层或以上位置，通过抬起的踏步或坡道连接较大的室内外高差	

抬起式入口
———

当建筑入口位于二层或二层以上时，通过抬起的台阶或坡道联通具有高差的室内外空间。或入口虽也在一层，但室内外高差巨大时（建筑位于山地时最常见）也需要设置抬起的台阶或坡道进行交通联系。

（a）居中布置的抬起式入口

（b）立面一侧的抬起式入口

（c）大别山干部学院礼堂入口

（d）青岛市某教学楼

（e）建筑群组中的抬起式入口

（f）位于入口空间序列前端的抬起式入口

入口名称	特点	图例
下沉式	建筑入口位于地面标高以下，设置下沉台阶或者坡道进行交通联系，下沉式入口将人流引入地下部分也使门洞更隐藏	

下沉式入口

当建筑入口位于地面标高以下时，会在建筑入口处设置下沉台阶或者坡道进行交通联系。同时会有下沉平台或小广场进行中转，下沉式入口使入口门洞得以隐藏。

（a）国家大剧院下沉式入口

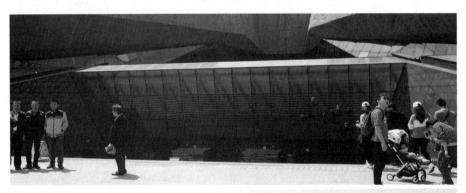

（b）辛亥革命博物馆下沉式入口

入口名称	特点	图例
复合式	一座建筑的同一方向拥有不同水平高度的多个入口，人员流线较为分散，常被用于功能和流线丰富的公共建筑和交通建筑中	

复合式入口

一座建筑的同一方向拥有不同水平高度的多个入口，人员流线较为分散，常被用于功能和流线丰富的公共建筑和交通建筑中。

（a）深圳大学教学楼复合式入口1

（b）深圳大学教学楼复合式入口2

（c）杭州万象城悦玺复合式入口

（d）Mega Food Walk入口与室外公共空间

（e）同济大学建筑系C楼

（f）昆明理工大学图书馆复合式入口设计 （g）体育建筑复合式入口设计

（h）商业建筑复合式入口设计 （i）多个方向的复合式入口设计

（j）昆明理工大学红土会堂复合式入口 （k）昆明理工大学红土会堂复合式入口

入口名称	特点	图例
顶入式	入口位于建筑顶部屋面，常被使用在独立的地下建筑中，台阶和坡道是最为常见的此种入口交通联系构件	

顶入式入口
——————

入口位于建筑顶部屋面，常被用于独立的地下建筑中，台阶和坡道是其最为常见的此种入口交通联系构件。

（a）本福寺水御堂顶入式入口1

（b）本福寺水御堂顶入式入口2

（c）巴黎卢浮宫玻璃金字塔入口1

（d）巴黎卢浮宫玻璃金字塔入口2

（e）殷墟博物馆顶入式入口1

（f）殷墟博物馆顶入式入口2

入口名称	特点	图例
架空式	建筑底层中部局部架空，形成中部贯通的通廊，建筑入口门洞位于通廊两侧，彼此相对。架空式入口贯通的门廊在联通建筑前后空间的同时形成自然的过渡灰空间，供人临时逗留等候	

架空式入口
——————

建筑底层被局部架空，形成贯通的底层通廊，架空式入口贯通廊在连接建筑前后空间的同时形成自然的过渡灰空间，可供人临时逗留等候。架空空间有时设结构柱，或局部景观。

（a）带柱廊的架空式建筑入口

（b）商业建筑架空式入口

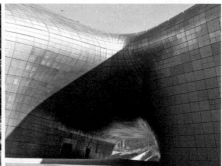

（c）隐藏结构的架空式入口

（d）高维大厦架空入口

（e）香港中文大学教学建筑架空式入口

入口名称	特点	图例
桥接式	建筑入口与外部交通或广场拉开一定距离，通过桥相连接。通过窄长的桥进行连接，使建筑和外部环境保持一定的距离	

桥接式入口

建筑入口与外部交通或广场拉开一定距离，通过桥相连接。通过窄长的桥进行连接，使建筑和外部环境保持一定的距离。

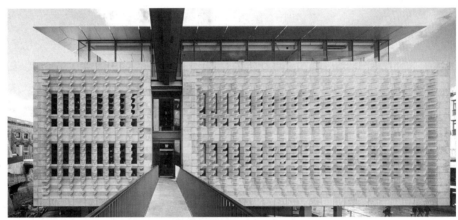

（a）瓦莱塔历史中心改造项目中的桥接式入口

（b）范曾美术馆桥接式入口

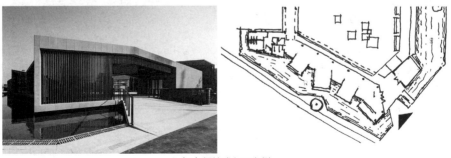

（c）桥接式入口实例

2.2 入口构成要素

老子在《道德经》中的"有""无"之说，以及其认为"空"与建筑空间的相关论述，实际上就是建筑的空间与实体问题。

建筑入口的构成亦然，可以分为两类：实体要素和空间要素。

2.2.1 实体要素

入口实体要素包括入口界面、构件与环境要素三部分，与空间要素不同，实体要素实际存在，通过视觉、触觉可直接感知。

建筑入口的实体要素包括围合成空间的界面（墙面、连廊等）、引导流线的门洞、台阶、坡道，营造环境的景观，以及其他附属构件。入口构件包括具体的门扇、幕墙、坡道、门框、门头、扶手、雨篷等建筑构件（图2-2-1）。

1. 界面

建筑界面在实体要素中占据很大的比例，界面形式直接影响建筑形式。建筑入口界面包括入口处墙面和门洞两部分，两者共同组成了建筑入口的基本形式，同时确定入口的位置、边界、尺寸、结构等基本属性和建筑的平立面基本构图关系。我们通常将建筑与入口所在的界面，尤其是入口周边范围内的墙面定义为入口界面，由于入口位于建筑立面上，因此建筑入口界面被

图2-2-1 建筑入口实体要素组成示意图

（图片来源：作者自绘）

视为建筑立面的墙面部分。

（1）界面的演变

界面是建筑入口构成要素中占比最大的要素，也是建筑立面上最具标示性的构件。界面形成及入口与界面的关系在建筑历史发展过程中也不断变化。大致可分为以下几个阶段：

①天然洞穴入口界面：一般是石山上的洞穴，山体形式就是其界面形式。

②巢居穴居的人工入口界面：人类开始尝试使用树枝、茅草等材料手工搭建自己的居所（庇护所），由于生产力水平的低下，入口处理简单粗糙，天然材质自然地捆扎形成入口界面肌理。

③复合界面的主体界面凹凸变化：建筑结构、形式更加多元，主立面的处理方式更加丰富，例如柱廊、门厅等空间的产生极大丰富界面形式。

④独立入口界面的产生，建筑师逐步意识到作为建筑主要构成要素的入口可以独立成为建筑的标志，在一段时期内建筑凸入口和游离式入口被越来越多使用，独立的入口大门也使其具有脱离开建筑主体界面的独立界面系统或者独立的装饰系统（图2-2-2）。

图2-2-2 古典主义风格入口
（图片来源：作者自摄）

⑤消隐入口界面，现代建筑设计追求实用、简洁的造型语言，繁复的形式主义要素被逐步剔除，在此前提下建筑入口被作为建筑主体形式的一部分，作为建筑体块消减的产物出现。同时越来越多的透明材质（玻璃幕墙）被运用于建筑立面的处理上，建筑入口与界面的界限被模糊化（图2-2-3）。

（2）界面的形状分类

不同建筑入口界面的选择性应用。当代建筑师越来越善于总结设计方法并在设计中运用，因此当代建筑中呈现出各种形式的建筑入口界面形式。

入口界面在入口中占有最大面积，因此界面形式直接影响入口形式，界面根据形式差异被分为平直界面、折界面和曲界面三类。

图2-2-3 玻璃的透明性：消隐于界面的建筑入口
（图片来源：作者自摄）

①平直界面最为常见，形成的空间和立面最为规整（图2-2-4）。

②折界面在建筑设计中运用较少，但其能使建筑立面显得更为立体，进而产生良好的光影效果（图2-2-5、图2-2-6）。

图2-2-4 平直界面案例
（图片来源：作者自摄）

图2-2-5 折界面：广州歌剧院入口
（图片来源：作者自摄）

图2-2-6　在几何形的构成与变异中形成折界面
（图片来源：作者自摄）

③曲界面拥有圆润的表面特质，大量的单体大跨度建筑会采用圆滑的曲面形态，其界面，尤其是入口界面也呈现出曲面。曲界面通常会采用横向或竖向的线形划分强化其曲面效果（图2-2-7），但由于入口门扇通常为标准的矩形形状，因此曲面界面和门洞的处理较为复杂，一般在线形划分的间隔位置插入入口。

构成界面结构的材料种类众多，例如混凝土墙面、砖墙面、聚合物墙面，玻璃幕墙等，按照材料属性（透明性）可将入口界面分为透明材质界面、半透明材质界面和实体界面三种。

（3）界面材料与透明性分类

①透明界面。透明界面采用大量透明材料作为界面的构成结构，该界面形成建筑入口处室内外视线的良好交互效果，人在室内可以欣赏室外感受外界环境气息，室外人可以通过界面看到建筑室内空间布局及装饰效果。

最常用的透明界面是玻璃幕墙，玻璃被作为主要的建筑材料广泛采用在建筑中，使建筑空间设计的边界大大拓展，通透的玻璃幕墙既阻隔了外界气候环境对建筑内部的影响，又不干扰室内外视线的交互（图2-2-8）。但玻璃的反射作用所产生的光污染，以及较差的热工性能是其不可回避的问题。

②半透明界面。半透明界面的处理方式有两类：在原有透明材质上通过增加构件产生局部遮挡，例如，增加百叶、格栅、窗纱或卷帘等（图2-2-9）；对透明材质通过技术手段进行处理，例如采用深色玻璃（茶色、灰色、蓝色等），或对玻璃进行镀膜处理。半透明界面既保证了室内的良好采光，又对室内产生一定的遮蔽，具有保护隐私的效果（图2-2-10）。

③实体界面。也称不透明界面，采光效果较前面两类界面最差，但却具有更为良好的保温效果和对私密性的保护（图2-2-11）。

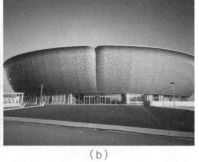

(a)　　　　　　　　　　　　　　　　　　(b)

(c)

（d）

图2-2-7　曲界面
（图片来源：a～c：张文豪 摄；d：《中国新建筑2》）

图2-2-8　入口处透明界面案例
（图片来源：作者自摄）

图2-2-9　郑东新区政务办事大厅入口界面
（图片来源：作者自摄）

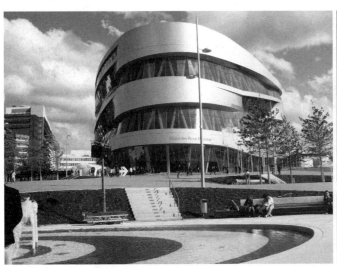

图2-2-10　半透明界面实例：奔驰博物馆
（图片来源：作者自摄）

图2-2-11　实体界面案例
（图片来源：作者自摄）

　　建筑界面，尤其入口界面的透明性由材质属性所决定（透明、半透明、实体），同时也与入口门窗洞口与界面的比例关系有关，洞口比例越大，界面的通透性越好。

2．构件

　　建筑入口构件是指构成建筑入口的各个实体要素，包括柱、门扇、雨篷等。

　　柱是重要的建筑结构构件，尤其在框架结构体系内有着重要的结构支撑作用。柱在建筑入口位置的应用不局限于结构功能，同时起到划分空间序列（图2-2-12）、创造连续立面、标识入口位置的作用（图2-2-13、图2-2-14）。

图2-2-12　河南省农业展览馆入口柱廊
（图片来源：作者自摄）

图2-2-13 哈尔滨西新区发展大厦
（图片来源：《建筑中国：中国当代优秀建筑作品集3》）

图2-2-14 建筑入口外柱廊
（图片来源：作者自摄）

　　门是最重要的建筑入口实体构件，起到对入口的遮蔽作用，也是入口使用频率最高的建筑构件。门扇的功能包括保温、隔热、防盗、防风、防尘、隔声等作用，同时，其做工工艺、材质、色彩、尺寸等因素直接影响建筑入口形态的视觉感受。

　　与形式、功能、结构关系最为密切的是门的开启方式，开启方式包括：一般式、双拉式、单拉式、单开式、双开式、折叠式、卷帘式和旋转式（表2-2-1）。单开式与双开式最常用，又可以分为内开式和外开式两种。内开式占用室内面积大，雨水、空隙风容易进入，紧急时不便于大的人流疏散，但内开式不占用公共空间，并能给来访者以欢迎的印象。外开式的特点则正好与之相反。

门的种类有很多，根据风格可以分为古典式（图2-2-15、图2-2-16）、现代式；根据材质可以分为木质、铁艺、塑钢、玻璃等；根据功能可以分为院门、户门、防火门、消防门等；根据功能可以分为员工门、货仓门等。

（a）西方古典主义入口及装饰　　　　（b）中国传统民居建筑高门楼入口

图2-2-15　西方与中式古典主义入口
（图片来源：作者自摄）

图2-2-16　西方与中式古典建筑的对称性
（图片来源：作者自摄）

门的分类　　　　　　　　　　　　　　　　表2-2-1

	平面符号	剖面符号	正立面	透视
一般式				
双拉式				

	平面符号	剖面符号	正立面	透视
单拉式				
单开式				
双开式				
折叠式				
卷帘式				
旋转式				

雨篷是出挑于建筑物主体外的构筑物，雨篷的形式多样，但它的功能比较简单，就是为进出入口的人提供遮蔽，保护入口处的建筑构件免受风雨的侵袭。雨篷对入口上空的限定产生门外的过渡空间。

入口雨篷根据固定方式可以分为悬挑式、悬挂式、支撑式；体量大小可分为：轻质雨篷、厚重雨篷。无论是固定方式还是体量大小都与雨篷的选材密切相关，混凝土材质显得厚重（图2-2-17），轻钢玻璃显得轻盈（图2-2-18、图2-2-19）。

雨篷对室外空间的限定程度是由形式决定的，不同的形式能产生不同的

图2-2-17　各种造型的厚重入口雨篷
（图片来源：作者自摄）

图2-2-18　质感轻盈的轻钢玻璃入口雨篷
（图片来源：作者自摄）

图2-2-19　Juravinski医院以及癌症治疗中心入口构件
（图片来源：《医疗建筑设计》）

　　　　室外过渡空间，常见的限定方式有：顶部限定、三面围合（顶部与两侧）、
　　　两面围合（顶部与一侧）。顶部限定雨篷的功能性强、安装简便、外形简
　　　洁，三面围合和两面围合雨篷与建筑的整体性更强。

3．景观

景观是实体要素中极为重要的组成部分，用以调节建筑入口风貌，给人更佳的场所体验感。景观要素主要可以分为自然景观要素和人造景观要素两类。

（1）自然景观要素主要包括植被、自然水域、天然石材、沙地等一切可以用作入口处景观塑造的天然物。

（2）人造景观要素是指人为创造或改造过的人工痕迹明显的景观要素，例如雕塑、喷泉、花坛和石凳、石椅等。

自然景观和人造景观可以以组合方式出现，形成整体景观带或者景观区，也可以以零星散布的方式与其他实体要素或空间要素穿插，用以点缀入口环境。如图2-2-20（a），南开大学教学楼入口采用框架金属亭、绿化等手法，形成丰富的入口灰空间和微景观。图2-2-20（b），郑州大学建筑学院入口庭院空间中采用水景和绿化丰富空间氛围。

（a）南开大学教学楼入口景观　　　　　　（b）郑州大学建筑学院入口庭院景观

图2-2-20　入口的自然与人造景观
（图片来源：作者自摄）

2.2.2　空间要素

1．交通空间

建筑入口的门厅空间用于人流集中或疏导、指引、气候缓冲、休闲等候、储藏等。门厅空间的功能和尺度由建筑功能决定。例如公共建筑人流量较大，需要大尺度门厅空间容纳同时进入的大量人流（图2-2-21）。

人流的集中、疏导与引导功能：门厅是入口空间的重要组成部分，通常被认为是最"前端"的建筑室内空间，门厅同时也是建筑内部人流的中转空间，入口门厅设计需要满足建筑交通流线的基本需求：

图2-2-21 兼具人流集散、交流、交通导引功能的入口门厅

（图片来源：作者自摄）

合理的门厅空间容积与入口门洞尺寸。尤其公共建筑中会出现一定时段内的集中大量人流，作为中转的门厅空间要求合理的容积以满足需求；

清晰的标识与引导。通过指示标志、光源引导等方式指引流线方向，避免混乱。公共建筑的内部组织复杂，为了更好地引导与管理，其门厅通常会设置前台等交通引导区域，有专门人员负责接待与管理。居住建筑住户多，公共空间相对狭窄，清楚的标识引导能保证房客的便利及消防疏散的有序。

动静空间的组合。人员流动过程中应适当预留休憩场所，确保动静结合。

2．功能空间

接待功能。接待功能在一般的公共建筑中通常会单独设置，但有些建筑中接待功能作为门厅的主要功能，例如酒店的前台接待等。

商业功能。除商业建筑外，其他如酒店等公共建筑中有时也会在门厅空间中设置部分商业设施，例如商务中心、零售商店等。

展示功能。人流集中的门厅空间在尺寸足够的情况下可在不影响交通的情况下设置一定的展示空间。

3．等候空间

入口处的等候空间大多位于与入口交通直接相连的门厅、中庭或者廊道内，入口等候空间主要作为临时性、短时的等候场所。这些位置的等候空间为避开主要的人员流线，大多都会采用小尺度散布或者靠近空间边缘带的设

置原则。等候空间是入口空间中最主要的
交流场所，所以有时也要考虑一定的空间
私密性。入口处的半室外空间因其开敞、
具有一定遮蔽性等特点也是被作为重要的
等候空间使用（图2-2-22）。

4. 环境空间

入口环境空间主要分为两类：室内环
境空间与室外环境空间。入口室外环境空
间主要是指入口门前的绿化景观空间甚至
广场，还有与建筑入口直接相连的庭院
（中庭或者外庭）都属于入口环境空间。
入口室内环境空间则主要指零星散布于入
口交通空间、功能空间和等候空间中的小
型景观空间或景观小品。如图2-2-23，海
南三亚购物中心的入口遮阳篷结构造型形
成了有机、生态的建筑效果。索尼中心大
型拉索伞状结构下具有一定遮蔽性的室外
环境空间也是如此（图2-2-24）。

图2-2-22 慕尼黑现代派绘画陈列馆入口，不规则的
柱廊产生丰富的光影变化和灰空间
（图片来源：《德国》）

图2-2-23 入口室外环境空间
（图片来源：作者自摄）

图2-2-23 入口室外环境空间（续）
（图片来源：作者自摄）

图2-2-24 索尼中心
（图片来源：作者自摄）

3

入口的设计原则

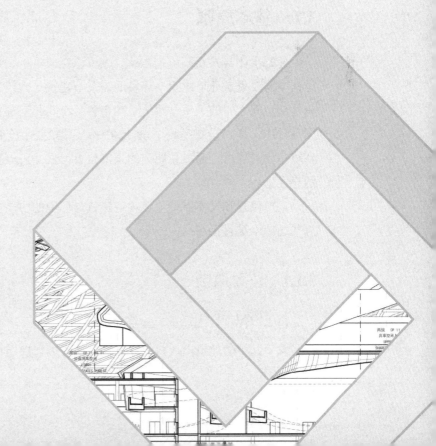

建筑设计的基本原则从"实用、坚固、美观"到今天的注重"功能合理、结构坚固与形式美观"，作为建筑重要要素的入口同样应遵循这样的设计原则。

各类建筑基于功能差异，设计原则有所不同，但总体来说其基本原则包括以下几个方面：①遵循流线需求的设计原则；②遵循使用者差异的设计原则；③遵循空间特征的设计原则。

不同建筑因其功能差异，其使用者、人员流线和空间特征上会有较大的差别，作为建筑要素之一的入口应在服务于各类建筑设计需求的同时，努力使设计得以提升。

建筑功能差异决定了使用者在建筑中的行为。基于不同的人群行为习惯与方式，在做建筑设计尤其建筑入口设计时，对其尺度、比例、位置、方向等基本设计要素需要有针对性的研究。

作为"建筑结构上洞口"的建筑入口的结构既需要与建筑的整体结构相一致，又需具有一定的特殊性。与建筑整体结构的差异可以使入口在建筑中凸显，增强入口的引导作用。

3.1　基本原则

建筑主体与外部环境（自然、城市、交通等）关系进行总体把控。建筑设计中需要重点处理建筑与环境的关系、建筑与建筑的关系、建筑内部空间与外部空间之间的关系，建筑总图布置是反映此三种关系的主要工具。在总图设计中，入口设置是场地设计的关键，第2章中已介绍入口是建筑空间与环境转换的媒介，通过总图中的入口位置与尺寸可以直接反映建筑在环境中的存在感。

入口位置和尺寸原则直接决定建筑与环境的协调性，这两个要素在建筑总平面图中被直接表达。

3.1.1　位置原则

1. 出入口位置

总平面中的建筑出入口位置选择由多重因素决定：

交通因素。引导人流是建筑入口的主要作用，交通是城市环境中人流的载体，合理的入口位置使建筑与城市交通的连接顺畅。

气候因素。入口是建筑内外环境的连通器与转换器，是与窗户具有类似作用的建筑界面开口。打开的门扇可以引导气流，也可以自然采光，主导风向、最佳日照朝向等气候因素决定了建筑界面的开口位置，也决定建筑入口的位置。

地形、地质因素。特殊的地形与地质条件影响建筑入口位置的选择，例如依山而建的建筑入口通常也背山设置，而滨水建筑为了呈现最佳的水景效果，通常会选择在邻水一侧设置建筑入口。

规范、规划因素。各地建筑规范、导则、消防要求中的相关规定会影响建筑入口在总平面中的位置选择，例如《建筑设计防火规范》（GB 50016-2014）民用部分5.2节的相关要求，在建筑设计中无形地控制了出入口的位置选择。

文化因素。各国的独特文化特征也对建筑入口的位置选择产生重要影响，中国自古认为："大门者，合宅外大门也，宜开本宅之上吉方。"这里的大门特指住宅建筑的主要出入口，大门是指一栋房屋与宅外的主要出入口。中国传统民居大多坐北朝南，北方为坎，风水中称坐北的宅为"坎宅"。坐北朝南住宅的最佳开门位置以东南方最常见，民间称"青龙门"。

设计手法因素。很多建筑设计方法都涉及入口位置的选择。例如轴线对称法，就是将建筑的主要空间沿一定的轴线位置对称布置，此时建筑主入口一般也位于轴线上。

2．平面中的入口位置

入口位置与建筑室内的功能布局和室外环境要素关系紧密，同时也与建筑室内外交通联系关系紧密。平面中的入口位置可分为以下几类：

- 入口位于平面长边上，这样的入口位置选择通常缩短从室外到达各室内空间的距离，为室内外空间交互提供便利。
- 入口位于平面短边，同理当入口位于建筑短边时，建筑内位于另一侧的空间将远离建筑入口，平面上这种刻意远离室外主要交通的方式，给予大部分室内空间更好的安静度和私密性。
- 入口位于平面凸夹角，此类建筑入口的位置选择一般是基于建筑基地所处的位置原因所产生。

当入口位于城市交通的交叉口时，通常会将入口设置在正对十字路口的位置，此时入口位于建筑平面的凸夹角位置，这样的立面位置具有极好的交通通达性，可从多个方向进入建筑，同时建筑入口可以从城市多个位置观察到，具有极好的引导作用。在建筑内部，夹角意味着与建筑两个方向上空间的联通与交叉，夹角处的入口代表室内空间的到达性更佳。同时内部的夹角是属于空间的内凹部分，在室内具有一定的隐蔽功能。

通过上述例子可以看出，凹角空间形成的半围合区域模糊了建筑的内外部界限，在这个位置上的建筑入口通常不直通城市交通，而是形成较柔和的建筑外部形态与空间过渡，丰富了建筑的内外交互方式。

- 弧形或圆形是自由的曲线形式，这种形状的建筑平面具有更为自由的入口位置。

3．平面中的入口方式

平面中的入口形式有以下四种：连续型、楔入型、凸出型和游离型，该部分内容在第2章入口分类中已进行详细阐述。

4．平面中的门扇开启方式

决定门扇开启方式的因素很多，其中最主要的有消防疏散需求和使用者的行为特点。

3.1.2　尺寸原则

总平面中入口的尺寸由以下几个因素决定：

- 人流因素。决定入口尺寸的最直接因素，总平面中面向城市主干道、广场、车站、公园等方向的人流一般较大，如果从这些方向引导人流，则该入口的尺寸需要满足人流要求。
- 由建筑内外空间环境的交互程度决定，较大尺寸的入口表明建筑内外环境间的关联度高，建筑更好的融入环境中。
- 立面和入口的主次关系决定入口尺寸。位于主立面的是建筑的主要入口，主入口也是建筑的标志，大尺寸入口使建筑具有可识别性。

如图3-1-1（a）所示，天津美术学院美术馆开放的入口，与城市尺度相协调，体现了美术馆建筑的公共性。图3-1-1（b）中，建筑的矩形圆饼状雨篷与建筑主体形成水平与垂直的对比，给人以醒目的标识性。

3.1.3　数量原则

建筑中的入口数量。不同功能的建筑对界面的封闭程度有各自的要求，入口的数量是界面封闭程度的主要标准。例如，防御建筑要求尽量少而隐蔽

（a）天津美术学院美术馆 （b）大尺度入口构件案例

图3-1-1 大尺度入口的标志性
（图片来源：作者自摄）

的入口。而常见的公共与居住建筑对入口数量的要求如下：公共建筑受功
能、流线、消防等因素的影响，通常拥有多个入口。根据功能需求公共建筑
中拥有大量人流与货流的通行需求，人流又分为客流和服务人员流线，设置
多个出入口能有效避免多条流线间的相互交叉（图3-1-2）。

图3-1-2 商业建筑中多入口案例
（图片来源：作者自摄）

3.2 功能原则

建筑功能与建筑类型相关，不同类型的建筑有不同的功能要求，也决定
和影响了建筑入口的设计。通常建筑分为工业建筑与民用建筑两大类，民用

建筑又包括居住建筑和公共建筑，公共建筑类型较多，在此，我们结合居住建筑、商业建筑、教育建筑、医疗建筑、办公建筑、文化建筑、博览建筑、酒店建筑和交通建筑进行分析。

3.2.1　居住建筑

居住建筑是最常见的建筑类型，与人们的生活习惯相关，并形成城市的风貌。居住建筑类型较多，按层数可分为低层、多层、高层、超高层；按居住人群又可分为宿舍、老年公寓等；按所在区位可分为城市住宅、村镇住宅。多样化的居住建筑类型对入口的要求各不相同。居住建筑对入口的基本要求可以归纳为合适的位置、充足的数量和适宜的尺度、清楚的标识。

居住建筑为保证人员安全和良好的室内保温效果，一般只设单一入口，有时会根据疏散需要设置多个入口。居住建筑的入口位置，直接决定了建筑内外部空间的交互性，居民出行和返家的便利程度也由此决定，合理的入口位置使建筑内外流向关系更为顺畅（图3-2-1）。尤其经济高速发展的今天，人们的出行方式更加多元，机动车成为更多居民的家庭标配，如何处理好机动车、非机动车和步行之间的关系是很多居民区规划设计中重要的设计内容，建筑入口是居住区场地人员流线的终点或起点，合理的居住建筑入口位置选择可以调节场地中的人车关系。

城市中林立的高层和超高层住宅中聚集着高密集的人群，这些建筑在遭遇紧急情况时的疏散效率是建筑设计时需要着重考虑的因素。疏散人员通过建筑出入口最终逃离出建筑出入口，到达场地中的庇护场所，才算完成了疏散过程。居住建筑中入口合理的数量、位置和尺度都是人群疏散行为完成的重要保障（图3-2-2）。

图3-2-1　居住建筑入口

（图片来源：《新楼盘》）

图3-2-2 高层居住建筑入口

（图片来源：《新楼盘》）

基于城镇和居住区的配套服务要求，很多居住建筑会设计底层商业以满足居民的生活需求，乡镇中的一些低层或多层民居中也有上宅下店的建筑形式。商业与居住行为在同一栋建筑中的混合设置，需要通过入口位置、方向、尺度设计和清晰的标识系统来控制人流，以免产生人流的混杂，造成不便。

3.2.2　商业建筑

商业建筑是城镇中具有持续、长时段人流（不区分节假日且进出频繁）的空间，也是人员最为多样的场所，人群类型、人员习惯、行为方式的不确定性促使建筑师在进行商业建筑的流线和出入口设计时要思考更多的设计影响因素。随着城市经济的发展，商业综合体的出现成为城市商业建筑的时代特色（图3-2-3）。如图3-2-4，人流与货流、人流中的购物者与销售者流线、货流中的进货与出货流线；人流的时段性、人流主要方向、货物运输车辆的停靠等都是商业建筑入口设计中需要思考的影响因素。

3.2.3　教育建筑

教育建筑的主要使用者是学生，尤其中小学、幼儿园是主要针对未成年人设计的建筑类型。未成年人具有活泼好动、行动迅速的行为特点，但其规矩意识尚未完全建立，具有行为不受约束且缺乏规律的特点，同时由于课程时间安排的统一性，学生的出入行为也大都在集中时段发生，因此建筑中时常会发生踩踏事件，而这些事件又以建筑出入口、楼梯间等交通

图3-2-3 商业建筑入口案例
（图片来源：作者自摄）

行为密集区域最常出现。因此，设计教育建筑时其出入口的尺寸和尺度要尽量考虑未成年通行特点，尽量给予充足的入口尺寸和入口缓冲空间（图3-2-5～图3-2-7）。

3.2.4 医疗建筑

病人、医生、陪护人员是医疗建筑最主要的使用人群。尤其作为病人，不同的病征使病人具有不同的行为方式，可分为有自主行为能力病人和无自主行为能力病人。有自主行为能力的病人具有与医生、陪护人员相似的行为方式；而无自主行为能力的病人则需要陪护人员随行，甚至器械（拐杖、担架、轮椅等）辅助。医疗建筑中的入口设计应能同时满足这两类病人的行为需求（图3-2-8）。

医疗垃圾是医疗建筑中特有的产物，医疗垃圾又分为几类：感染性废物、病理性废物、药物性废物、损伤性废物、化学性废物，每类垃圾的存

| （a）商业街 | （b）商业建筑入口 |

| （c）一层平面图 | （d）总平面图 |

图3-2-4　商业建筑入口案例：华润中心二期
（图片来源:《世界优秀建筑设计机构精选作品集》）

放、运输都有其特殊的要求，因此医疗建筑中货物出入口（尤其医疗垃圾）
需要结合医院的内部功能与流线情况进行研究与设计。

如图3-2-9所示，河南省人民医院病房楼入口巨大的雨篷形成的室外空
间同时兼顾了救护车与人员进出的需求。

3.2.5　办公建筑

办公建筑中的办公室大多通过廊道连接而并列布置，因此不管是内廊还
是外廊，都是办公建筑中重要的交通空间，入口与廊道的关系决定了办公建
筑的空间流线和功能组织。办公建筑中的主入口一般会设置专门的门厅空

| (a) 建筑外观 | (b) 建筑入口门厅 |

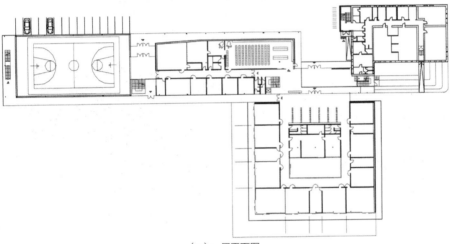

(c) 一层平面图

图3-2-5 Bilger-Breustedt学校群
（图片来源:《学校印象》）

图3-2-6 郑州大学建筑学院教学楼
（图片来源: 作者自摄）

（a）入口立面

（b）鸟瞰

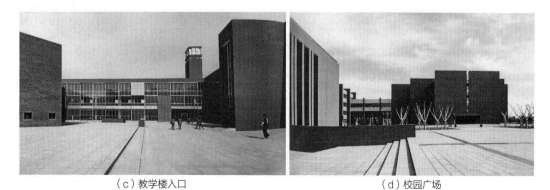

（c）教学楼入口　　　　　　　　　　　（d）校园广场

图3-2-7　巴彦淖尔西区中学

（图片来源：《中国新建筑》）

（a）穿廊 （b）入口

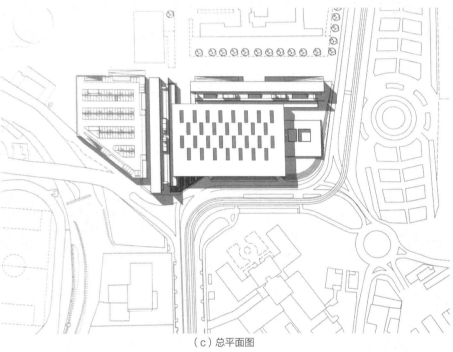

（c）总平面图

图3-2-8 卡勒基医院中心行政大楼与主入口
（图片来源：《世界建筑6：医疗建筑设计》）

（a）建筑外观 （b）建筑入口室外空间

图3-2-9 河南省人民医院病房楼入口
（图片来源：作者自摄）

间来连接竖向交通（楼梯、电梯等）和廊道。同时门厅具有一定的接待、等候、咨询等功能，因此办公建筑中的主要流线为入口→门厅→廊道的空间序列。办公建筑的消防出入口会被设置在不同方向的走廊尽端直通室外（图3-2-10、图3-2-11）。

与教育建筑相似，办公建筑使用者的行为也具有明显的时间性，因此办公建筑的入口会在固定时段（上下班时）集中大量人流，这要求办公建筑主入口具有较大的尺寸和缓冲空间。

图3-2-10　办公建筑入口

（图片来源：作者自摄）

（a）建筑室外环境　　　　　　　　　（b）建筑外观

（c）建筑入口

图3-2-11　郑东新区绿地双子塔

（图片来源：作者自摄）

3.2.6　文化建筑

文化建筑主要包括文化馆、科技馆、活动中心、图书馆等。这些文化建筑内所包含的功能空间一般较多，对外的有观影空间、阅览空间、展览空间、培训空间等；对内的有办公空间、存储空间、设备服务用房等。如此多元化的功能空间组织带来多流线的交叉，为解决人流、消防等问题，文化建筑会有多个出入口共同承担交通需求，甚至其中的某一个空间会单独设置联通外部环境的一个或多个出入口（图3-2-12）。

文化建筑的使用具有极强的不确定性。人群不确定：各种性别、年龄、职业的人群；时间不确定：工作时间内各个时段都会有人进出文化建筑。因此，文化建筑入口没有固定的设计模板和规范，应当考虑到各种人群在不同时间的进出需求，入口无障碍、门洞尺寸、等候空间位置等都是需要考虑的入口设计要素。

3.2.7　博览建筑

各种展览馆、博物馆、科技馆等都归属于博览建筑，展示空间需是博览建筑中最主要的核心空间。因为展示的需要，展示空间拥有较大的空间尺寸，在展示空间中组织合理的观展流线是展示建筑设计的重要因素。而各个展示空间的路线与博览建筑整体的流线关系需一致。博览建筑的入口

图3-2-12　文化建筑入口：徐州美术馆
（图片来源：《建筑中国：中国当代优秀建筑作品集1》）

是这条观展流线的起始端，对人流控制、流向引导等都起到决定性因素（图3-2-13～图3-2-15）。

除观展流线外，行政办公流线、疏散流线、布展及撤展时的货用流线也都是展览建筑中的主要流线，入口是协调这几条流线相互关系的最主要节点：行政办公流线要尽量不与观展流线交叉而造成干扰，可设置独立的行政入口；合理的出入口位置和充足的出入口数量可以保证高效的疏散效率和较

图3-2-13　文化博览建筑入口案例：开封博物馆新馆
（图片来源：黄华 摄）

图3-2-14　文化博览建筑入口案例：文字博物馆
（图片来源：作者自摄）

（a）建筑总鸟瞰

（b）科技馆

图3-2-15 惠州市科技馆及博物馆
（图片来源：《建筑中国：中国当代优秀建筑作品集1》）

短的疏散距离（在大空间中尤其重要）；布展、撤展中不同展品及展架的尺寸、重量对博览建筑入口具有特殊的要求，尺寸、搬运设备、地面荷载、卸货方式等都是博览建筑中货运出入口设计时需要考虑的因素，货运入口直接通向博览建筑的仓储空间或与之毗邻。

3.2.8 酒店建筑

酒店建筑的操作、仓储和就餐空间是最主要的空间组成。酒店建筑的操作空间主要分为厨房和清洗间两部分,操作空间中的主要使用者都是工作人员,操作空间的工作环境也较为特殊:卫生环境、通风环境、操作设备要求等,在此空间中工作的人员在进、出操作空间时都要有更换衣物及清洁手脸等行为发生,因此酒店建筑一般会设置单独的操作人员出入口,这个出入口会直接与员工更衣、盥洗空间联通(图3-2-16)。

3.2.9　交通建筑

交通建筑是重要的城乡基础设施,是供人们出行使用的公共建筑类型的总称。交通建筑的类型有很多:铁路客运站、港口、机场、公交车站、轨道交通站、公路客运站,甚至停车库等都属于交通建筑(图3-2-17)。

不同的交通建筑,因其使用者数量的不同,其建筑规模、空间尺寸(面积、高度等)差异巨大。规模巨大的交通建筑日均人员使用量可以超过万人次,而极小型的交通建筑日均人员使用量有可能小于百人次,甚至是个位数。巨大的建筑规模差异使建筑入口设计差别明显。小规模的交通建筑,入口尺度较小,入口处无需过渡分流也能保证建筑正常使用,且节省建造成本。而规模较大的交通建筑则需要考虑在大尺度下人员的疏散和引流,因此通常采用多方向、多入口设置。

交通工具类型的差别使交通建筑在竖向设计较为复杂:地铁站点要考虑地下空间与地面和地上空间的连接、机场和铁路站设计中出发和到达通常都分层设置。这些竖向空间的上下叠加,往往会有各自的独立的出入口设计,

图3-2-16　酒店建筑入口

(图片来源:作者自摄)

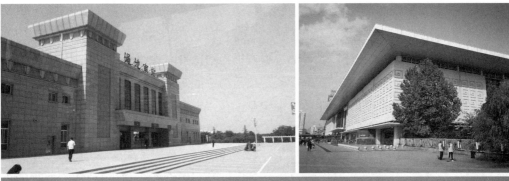

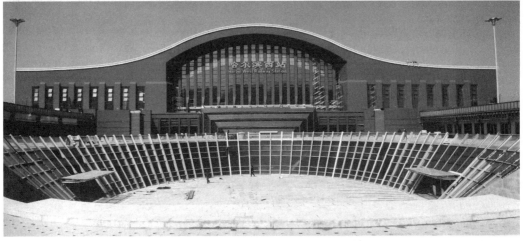

图3-2-17　交通建筑入口
（图片来源：作者自摄）

以避免人流在建筑内的过多交叉。同时，与其他类型的建筑不同，交通建筑中的使用者流量和流动速度极高，因此交通建筑出入口中的引导性设计要更为清晰、醒目。

3.3　空间原则

建筑空间是由界面围合而成的空的部分。建筑空间按界限范围可以分为内部空间、外部空间、过渡空间。界限范围以内的空间称为内部空间，内部空间属于有限空间；界限范围以外空间称作外部空间，外部空间可以是无限空间，也可以是有限空间。入口空间连接内部与外部空间，或者同时占用内部空间与外部空间。广义上讲，入口空间属于建筑的过渡空间，该空间包括入口休闲区、停车场、门厅、门廊、储存等空间。建筑空间无法通过感官（视觉、触觉）直接接触，且建筑空间一般通过界面和构件形式表达，因此本书重点介绍入口中的视觉要素。

建筑的空间与形式、功能和结构互为相互依存的关系。19世纪末20世纪初，随着现代主义建筑运动的兴起，建筑空间被视为建筑的"实际使用部分"得到重视，建筑设计的过程被视为塑造空间的过程。探讨建筑空间发展就是研究空间构成方式的发展。空间构成方式是由限定空间的构件围合或分割所产生的，合理运用空间限定要素在一定程度上决定了空间的品质。建筑入口空间的限定要素包括界面、柱、门窗、景观等。

建筑空间从其围合性属于有限空间，需要依附于限定它的形式要素，而形式要素的组织若是缺乏对空间良好关系的理解，也难以建立起明确的秩序。在空间构成这一层面上，形式要素与受其限定的空间之间所存在的依赖关系十分明显。建筑入口空间的发展亦是如此。

建筑入口空间是建筑的主要过渡空间（中庭、廊道、平台等也属于建筑的过渡空间）。过渡空间在现代建筑设计被更多重视，设计师已经意识到建筑绝不仅是将人与自然分隔的"盒子"，建筑为人提供人身保护的同时也应尽量使人亲近和感受自然，过渡空间正是建筑与环境之间的纽带。西方现代建筑中过渡空间已经得到大量应用，产生出很多成熟的空间塑造手法。

如图3-3-1所示，东京都新都厅建筑跨越城市道路，多重入口、门厅、功能空间、市民广场、主体建筑，层层空间序列（入口空间、内部空间、过渡空间）与城市关联，形成丰富的空间组织关系。

建筑的各种功能和空间之间都存在统一性和秩序性。"空间秩序"的建立是一种统摄全局的空间设计手法，而在空间秩序中，过渡空间是串联起所有功能空间的"纽带"。过渡空间在建筑空间的组合中不可或缺，无论是对于建筑本身的功能联系还是对建筑意义的表达和诠释都可以成为点睛之笔。

入口空间的组织形式需要符合功能与人的行为需求，入口设置按照内外流线关系可分为三类：串联式、并联式和混合式。

（1）串联式：空间之间彼此串联贯通，形成连续的空间序列。这样的组织形式具有极强的空间连续性和次序关系，空间功能关系紧密、彼此递进且前后照应，同时对流线进行严格限定，不易遗漏，但也缺乏选择性。例如工厂的生产车间具有工艺流程的前后顺序，空间设置基于这种顺序关系依次进行；展示空间一般也采用串联式空间，设置单一流线，避免观展遗漏。其他一些建筑的入口与室内也能使用串联式空间序列关系，尤其是只有一个单一入口的建筑。如图3-3-2所示，建筑是由埃里克·门德尔松设计的爱因斯坦天文台，该建筑主体是一条竖直井道，入口处通过两层串联的空间序列到达该核心区域。

（2）并联式：此种空间形式一般用于拥有多个入口的建筑中，例如具有多个单元的居住建筑，每个单元拥有自己独立的入口空间，每个入口相互毗

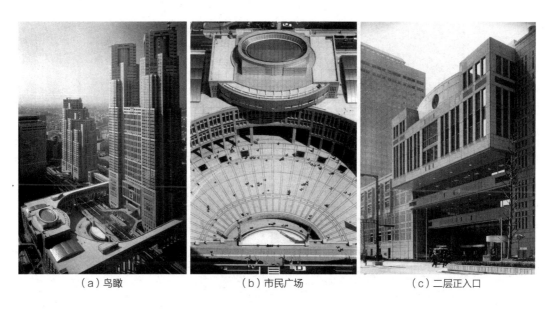

（a）鸟瞰　　　　　　　　（b）市民广场　　　　　　　（c）二层正入口

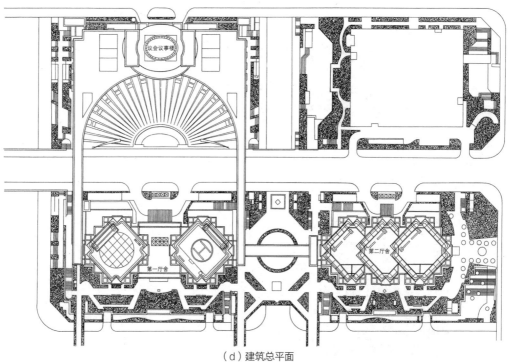

（d）建筑总平面

图3-3-1　东京都新都厅
（图片来源：《东京都新都厅》）

邻，形成独立的并联式入口空间。此形式下，空间互相独立，各使用部分和
交通部分功能明晰，也是最常见的一种空间组合与划分方式。

　　拥有多个功能相同入口流线的公共建筑通常也使用并联式入口空间。如
图3-3-3所示，由埃罗·沙里宁设计的杜勒斯国际机场，8个入口空间相互
毗邻并置，进入一个机场共用的大厅票务区。

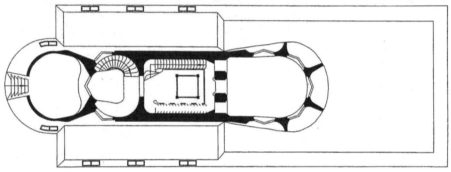

图3-3-2　爱因斯坦天文台
（图片来源：网络）

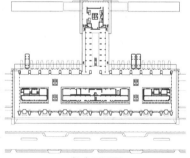

（a）建筑外观　　　　　　　　　　　　　　（b）平面图

图3-3-3　杜勒斯国际机场
（图片来源：网络）

　　克拉根福医疗中心建筑群组由7个主要部分并联形成组团关系，每部分分设出入口通向独立的半围合院落（图3-3-4）。

　　（3）混合式：建筑分区较多且功能复杂的建筑一般拥有多个入口空间，这类建筑一般采用混合式入口空间形式，不同分区基于功能流线的差异而采

（a）建筑鸟瞰

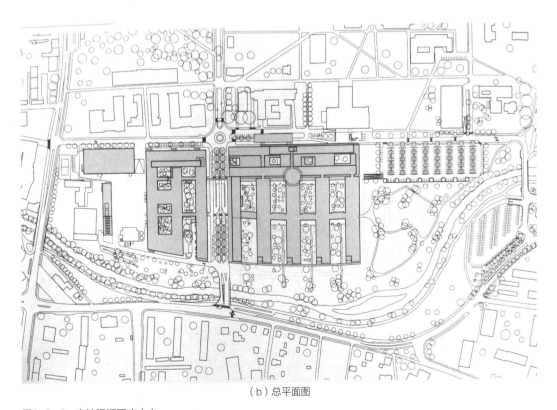

（b）总平面图

图3-3-4　克拉根福医疗中心
（图片来源：《医疗建筑设计》）

用或者串联式或者并联式的入口空间形式。

　　建筑内部空间中的主要交通流线是人流量最大的空间位置，因此，入口空间与主要交通流线空间的位置关系是其中一个十分重要的空间原则。根据入口空间与建筑主体空间的位置关系可分为四类：①在轴线上；②在轴线一侧；③与主空间不同侧；④在建筑夹角上（图3-3-5）。

　　在中轴线上：这四种位置关系中在轴线上的入口空间与建筑内部空间联系最紧密，交通引导性也最强，建筑室内空间围绕门厅和核心交通展开（图3-3-6）。

　　在轴线一侧：建筑平面自身具有明显的轴线对称关系，但入口与门厅位于轴线一侧。此时，建筑内的其他空间沿轴线布置或偏一侧集中设置，此种空间形式下建筑内的安全疏散距离会较远（图3-3-7）。

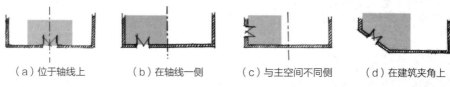

（a）位于轴线上　　　（b）在轴线一侧　　　（c）与主空间不同侧　　　（d）在建筑夹角上

图3-3-5　入口在建筑中的空间位置关系
（图片来源：作者自绘）

（a）郑州大学图书馆正立面

（b）天津大学建筑学院

（c）河南大学图书馆

（d）南开大学药学院

图3-3-6　入口在中轴线上
（图片来源：作者自摄）

图3-3-7　入口在轴线一侧

（图片来源：作者自摄）

　　与主空间不同侧：当建筑平面本身具有轴线关系，但入口与门厅不在轴线上，或建筑本身不存在轴线关系时的入口形式。此时建筑一般会有多个核心中转空间，入口与门厅只作为其中的辅助交通空间。因为这种建筑平面中出入口位置不明显（或相对比较隐逸），因此需要做好内部空间的交通引导标识，保证消防疏散的顺畅（图3-3-8）。

　　在建筑转角上：这样的建筑平面一般不具有轴线对称关系，且建筑入口位于建筑两个界面的夹角上，这样的入口门厅和建筑外部交通的联系较紧密（具有两个以上的交通联系）（图3-3-9）。

图3-3-8　入口与主空间不同侧

（图片来源：作者自摄）

图3-3-9 入口在建筑转角上
（图片来源：作者自摄）

3.4 形式原则

3.4.1 比例

威奥利特·勒·杜克（Viollet·le·Duc）所著的《十一世纪到十六世纪法国建筑分类词典》一书中把比例定义为："比例的意思是整体与局部间存在着的关系——是合乎逻辑的、必要的关系，同时比例还具有满足理智和眼睛要求的特性。"[①]俄国《建筑构图概论》中给出的定义是："所谓比例，指局部本身和整体之间匀称的关系"[②]。根据不同国家建筑理论家的研究结果可以总结出：比例是建筑的自身属性，研究建筑构成中局部与整体的相互关系，且这种关系通常是数理关系，例如倍数、基数或者函数等。

比例存在于建筑设计中的各个方面，平立面构图关系、整体尺度控制、结构选型、功能组合等方面都能发现运用比例控制的手法。比例对于建筑形式的作用主要有以下几方面：

（1）比例是重要的构图原则。是指导建筑设计中整体及组成部分间关系的方法。决定建筑整体及各部分尺寸的因素有很多：场地尺寸、建筑规范、通风采光要求、功能需求等，建筑比例也是其中的一个重要因素，例如建筑的窗地比决定了建筑门窗的尺寸。

（2）比例确定建筑构件的模数。建筑构件的工厂化、模数化大大提高生产与建造效率，降低成本，装配式建筑正成为一种趋势。各种标准化梁、

---

① 出自威奥利特·勒·杜克所著的《十一世纪到十六世纪法国建筑分类词典》，1858年出版.

② 苏联建筑科学院. 建筑构图概论［M］. 顾孟潮，译. 北京：中国建筑工业出版社，1983.

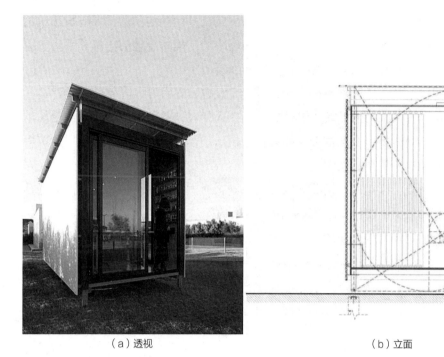

(a) 透视   (b) 立面

图3-4-1　阿根廷黄金比例木质工作间入口的比例关系
（图片来源：网络）

柱、砌块、门窗，甚至整个房间与楼梯的统一化、标准化都离不开比例理论的指导。

（3）使建筑形体更加符合人的视觉习惯，提高建筑的形式美。

（4）简化建筑设计中繁琐的装饰。建筑设计中的美学要素繁多，当建筑师掌握了运用比例处理形态关系，就掌握了建筑美学的金钥匙，无需利用繁琐的装饰也能创造出美好的建筑形式。

英国建筑理论家理查德·帕多万在其著作《比例——科学·哲学·建筑》中指出："对建筑而言，比例理论很重要，并且会一直如此，主要原因在于，比例理论使我们的建筑物体现出一种数学规范，这种规范是我们从自然提取的或加之于自然的。"[1]比例的相关理论可以运用至我们生活中的各个方面，尤其是在各类艺术创作中，更是随处可见各种比例关系。建筑艺术被誉为艺术之首，设计中更是将比例的作用发挥到极致。合理的建筑比例可以带给建筑特有的秩序与构图之美，但建筑比例通常隐含在建筑设计之中，无法通过人眼视觉直接捕捉。因此建筑设计中的比例设定需要辅助线的协助（图3-4-1）。

---

① （英）理查德·帕多万. 比例——科学·哲学·建筑 [M]. 周玉鹏，刘耀辉，译. 北京：中国建筑工业出版社，2005.

作为建筑主要组成部分之一的入口，其自身比例的和谐、入口与建筑整体立面比例的和谐共同创造了建筑的构图之美。同时合理的比例关系对于控制入口的尺寸具有重要意义。

现代建筑设计风格更加多元，设计方法也日新月异，随着数字化建造、算法设计等一系列借助新兴设计方法的介入使建筑的整体性和流线性更加丰富，大量曲线创造了丰富多样的有机建筑形态，但这些流线外形下依然蕴含着准确地比例关系。

建筑设计时运用比例美学的形式原则，通过比例控制带给人良好的视觉感受，如图3-4-2所示，建筑是位于瑞士的库尔美术馆，该建筑是一原有别墅建筑的延伸部分，简约、平整的立方体建筑外形与原有古典主义别墅建筑风格形成巨大反差，却彼此呼应，建筑入口处的雨篷部分采用二倍正方形的比例关系，与建筑的正方形立面产生共鸣。光滑的入口材质又使其从粗糙的立面肌理中凸显出来，具有明确的引导作用。

| （a）入口透视1 | （b）入口透视2 |

图3-4-2　瑞士库尔美术馆
（图片来源：网络改绘）

3.4.2　尺度

在测量学与制图学中，尺度等同于比例尺，表示图面尺寸与真实尺寸之比。通过比值可以从图面得到物体整体或局部实际大小的概念。建筑学中的尺度顾名思义是指对"建筑尺寸的度量"，是指通过参照对建筑物的尺寸形成的概念。建筑物一般体型加大，难于进行快速实际测量获取尺寸信息，尺度则是通过与参照物的对比或者与观察者思想观念中的印象经验做对比获得对建筑尺寸的感觉。

根据上述定义可知，尺度是同一或不同空间范围内，建筑形体的整体及各构成要素给人视觉产生的关于尺寸大小的感受，是形体的真实尺寸与其整体或局部关系给人产生的印象，这种印象有时能真实反映尺寸，有时则因构图关系和参照物因素，使人对尺寸的认识产生误差，根据尺度与实际尺寸的误差大小，可以分为以下几个等级形式：

（1）尺度平等而一致的形式：真实尺寸在空间中所处地位，给人的视觉感觉与尺度相同或一致，在建筑设计中意味着构图方式能正确反映建筑的真实尺寸；

（2）尺度存在差异的形式：真实尺寸在空间中所处地位，给人的视觉感觉与尺度存在差异，但差异不明显，或其中的一项或两项存在差异，在建筑设计中意味着构图方式基本能正确反映建筑的真实尺寸；

（3）尺度差异巨大的形式：真实尺寸在空间中所处地位、给人的视觉感觉与尺度存在差异，且差异巨大的形式，在建筑设计中意味着构图方式不能正确反映建筑的真实尺寸（反映的尺寸不符）。

探讨形态尺度的差异，有助于通过对形态尺度的调节确定构图中的主次关系与排列次序。

尺度并非尺寸，而是物体给人带来的视觉感觉，在建筑设计中通过不同的尺度设计可以使其突显出或宏伟壮阔，或自然真实，或细腻精致的尺度感。宏伟壮阔的大尺度让人肃然起敬，自然真实的尺度给人亲切感，而精致细腻的尺度给人精细感。按此可将尺度分为三类：宏大尺度、亲切尺度和真实尺度。入口也基于此可以分为宏大尺度建筑入口、亲切尺度建筑入口、真实尺度建筑入口。

1）宏大尺度建筑入口。在建筑设计中常用于标志性建筑物或构筑物，例如纪念性建筑、军事建筑、宗教建筑等，是为衬托人的渺小，使人产生距离感，彰显其威严、不可侵犯性。

比照上述尺度要素，为表现一座建筑的宏大，首先需要周边环境的映衬，通常情况下纪念性建筑物或构筑物建造在较高的地势或者开阔的场地内。较高的地势使人靠近建筑时需要保持仰望，而仰望会自然使建筑显得宏大。而开阔的场地中缺少周边参照，尤其是其他高大建筑的对比，会使建筑显得突出。创造宏大的建筑尺度绝不仅是刻意放大所有建筑构件，或整体放大建筑比例，这样的方式有时反而适得其反。正确的构图手法应当将建筑构图元素划分主次，主要部分做的宏大，次要部分按照正常尺寸，或略大于正常尺寸，主次之间产生对比，才能衬托建筑整体的宏大。例如意大利佛罗伦萨大教堂整体庞大，尤其是巨大的穹顶异常突兀，但墙面开窗的尺寸却颇为保守，由此产生的反差突出了宏大尺度。

宏大尺度的建筑入口设计也不是单纯的增大入口尺寸，而应当刻意创造入口与建筑主体间的比例或形态差异。

比例差异是将入口在应有的尺寸关系基础上刻意增大，使之产生一种"不协调"的突兀感。这样的关系，会显得建筑入口异常突出，显得较为宏大。

形态差异是通过与主体形态形成反差的入口形式将入口凸显，相似的处理手法的应用实例还有深圳当代艺术馆与城市规划展览馆（图3-4-3、图3-4-4）。

（a）入口效果图　　　　　　　　　　　（b）门厅内景

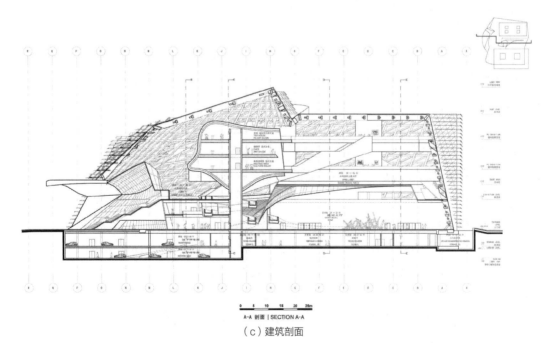

（c）建筑剖面

图3-4-3　深圳当代艺术馆与城市规划展览馆
（图片来源：a、b：作者自摄；c：网络）

图3-4-4 宏大尺度建筑入口

（图片来源：作者自摄）

2）亲切尺度建筑入口。亲切是指根据某些特定环境或空间需求将建筑尺度做小，视觉尺度感觉小于实际尺寸的尺度关系。埃利尔·沙里宁认为"设计要一直在这样一个大前提下进行：椅子属于屋子，屋子属于房子，房子属于环境，环境属于城市规划"。既然建筑属于环境，建筑的存在不应破坏原有的环境风貌，因此在很多情况下需要设计亲切尺度的建筑，使其融入环境中，甚至消隐在环境中。

城市的高密度环境中需要亲切尺度的建筑，传统街区、历史街巷中建筑尺度精致，因此周边的新建建筑应尽量配合整体建筑风貌，保证街区风格的协调和统一。另外，为衬托宏大尺度建筑，其周边应设置尺度亲切的建筑与其对比。

建筑要素根据需要也会创造亲切的入口尺度。例如为了更加强调建筑的整体性和封闭性，会减少建筑的门、窗数量。但当室内空间有必须的通行、通风和采光需求，也就是需要必要的门、窗设置时，可以缩小入口尺度，使其显得"微小而谨慎"。

创造建筑入口亲切尺度的方法有以下几种：

（1）分散布置。集中式使相应的功能更紧凑，与结构的关系也更容易处理，而分散布置则加大了各元素的间距，使元素之间彼此分离，降低整体密度，元素间相对独立，不连片、成组团的孤伶元素，和建筑主体容易产生大小对比，进而形成亲切尺度关系。

（2）通透材质。通透的界面与入口材质可以使视线更好地穿透，使建筑内外环境互联（图3-4-5）。

图3-4-5 透明材质的亲切尺度建筑入口

（图片来源：作者自摄）

3）真实尺度的建筑入口。真实尺度是指建筑入口给人的视觉尺度感同建筑的实际尺寸相一致或基本一致。入口处的真实尺度主要指其功能尺度：人行入口是合乎人体尺度；车行入口满足车身进出的尺度关系；货物入口满足进出货物的尺寸要求。

使入口尺度感接近真实尺寸的方式可以通过设置"尺度标志"的方式实现，建筑中的尺度标志主要指人们印象深刻或对尺寸熟悉的建筑入口构件，例如台阶踏步高度、栏杆扶手的高度、地灯尺寸等。观察者可以准确地判断它们的准确尺寸，进而推断出建筑的真实尺寸。

3.4.3 韵律

"韵律"是代表事物特征的名词，表示某种特定的组合规则。《辞海》中将韵律解释为：韵律是指某些物体运动的均匀节律。建筑通常是静止的，不存在运动，因此建筑构图中的韵律是指构图元素点、线、面、体以规则化的、图案化的、重复性的或渐变性的出现，呈现出视觉上的动感或序列感。

建筑构图中韵律的产生主要取决于构成元素的视觉属性和元素间距。元素视觉属性（体量、比例、颜色等）完全相同或渐变（例如颜色逐渐变深或变浅、体量逐渐变大或变小、距离逐渐增大等）是产生韵律的条件。因此存在韵律的构图中韵律关系通常符合一定的数理关系，最常用的数理关系是数列。

元素属性完全相同或属性发生渐变的同时还应满足间隔距离的规律，元素间距在三种情况下可存在韵律：无间隔、等距和非等距，其中无间隔与等距的韵律关系较好理解，而非等距不代表间隔随意，而是指间隔距离按照逐渐增大、逐渐缩小、先增大后缩小，或者先缩小在增大的规律安排，增大与缩小的数值按照特定系数控制。因此当构图元素的属性符合韵律关系，且在其属性韵律方向上的元素间距为一个固定值或者存在一定的数理规律时（等差、等比、斐波那契数列等），该构图关系为韵律构图。但当元素的属性韵律与间距韵律不在同一方向时，此时的韵律关系被打破。

根据以上结论，按照构成元素间的关系可将建筑构图中的韵律分为两类：元素的重复韵律与元素间的渐变韵律。

韵律的构图手法在建筑入口设计中非常常见，入口韵律可以分为以下几类：入口的整体韵律和入口的构件韵律。入口整体韵律是指建筑入口中的各组成部分的平面、立面和形式关系均具有韵律关系；而构件韵律关系是指入口各组成部分整体不存在韵律关系，但某一构件却具有韵律构图关系，入口柱廊是最为典型的入口构件韵律。位于阿姆斯特丹的Zuidblok大楼最引人注目的地方是其16米高的悬臂支撑着两层楼面，同时其入口处柱廊与玻璃幕墙的等距韵律处理也给人留下深刻印象。伦敦亨利爵士琴酒酿酒厂立面也采用同样的等距韵律处理手法。四个拱形长窗与正中的入口共同形成五个秩序感强烈的构成要素，也符合建筑立面整体的对称关系（图3-4-6）。

平原博物馆整体的环形设计中同时运用对称和竖向韵律的形式原则。尤其在建筑入口处做了内凹处理，较为通透的入口界面上依然利用等距韵律进行划分，产生极强的秩序感（图3-4-7）。

3.4.4　形状

形状是具体的几何学概念，表现物体具体的造型或表面轮廓。形状是人们通过视觉识别物体，是物体按照形分类的主要依据。形状是构图视觉要素之一，只用以形容物体的表征，不涉及材质、体量、色彩等其他内容。

形状的分类方式有很多，按照其来源可以分为自然形状和人造形状。自然形状是指一切自然界中已有的，未经人为加工、处理和建造的形状，自然界中各种物体，甚至地球都有其特定的形状。人造形状是指原本在自然界中不存在，经人为制作、建造的形状，或者人为将自然界中的形态加以改造、处理后的形状。

也可将形状分为规则形状和非规则形状，自然形状一般为自由的非规则形状，而人造形状则多数根据人们的需求，或从自然形状中得到灵感，创造出的完全符合人审美需求的，具有绝对客观规律的规则形状。建筑作为人工

（a）伦敦亨利爵士琴酒酿酒厂立面

（b）阿姆斯特丹Zuidblok大楼立面

图3-4-6　建筑入口的等距韵律关系案例
（图片来源：网络）

图3-4-7　平原博物馆
（图片来源：作者自摄）

修建的人造物，采用规则的人造形状更有利于控制建造模数，也符合形式的组织原则。如图3-4-8所示的墨西哥Jojutla学校项目是2017年地震后设计的应对灾后教育的学校建筑。建筑采用具有较好结构稳定性的半圆形拱作为建筑的主要形式语言要素，重复韵律下，多个规则半圆的并置使整个建筑入口与建筑内外空间的序列感被强烈体现，同时入口门的矩形门扇又与拱廊的半圆形成反差，具有极强的引导性。

香港嘉民西联开放式店铺是一个小型的建筑设计实验，整个建筑通过四个规则的箱体体块堆积而成，每个体块的立面都是一个标准的正方形，通透的气候边界消隐了空间的内外界限，也模糊了入口的存在。正方形的稳定性在这座建筑中被充分发挥，钢与玻璃组合中的轻质与脆弱感通过这种规则正方形组织的手法显得"稳定而坚固"（图3-4-9）。

根据上述两个案例我们看出，作为视觉要素的形状能够从视觉上平衡建筑入口中材料、结构、色彩之间的关系。

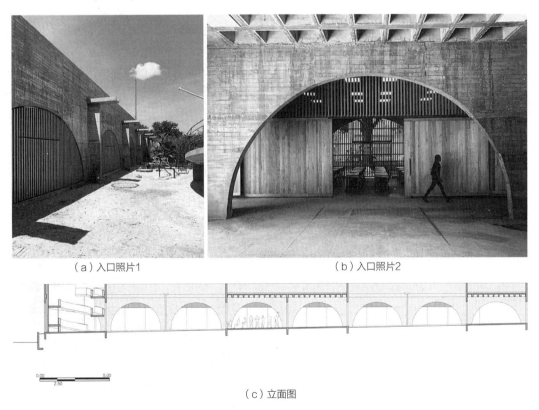

（a）入口照片1　　　　　　　　　　（b）入口照片2

（c）立面图

图3-4-8　Jojutla学校灾后重建

（图片来源：网络）

（a）效果图

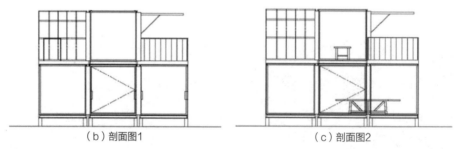

（b）剖面图1　　　　　　　　　　　（c）剖面图2

图3-4-9　香港嘉民西联开放式店铺
（图片来源：网络）

3.5　结构原则

　　民用建筑结构按照主要承重结构材料可以分为砌体结构、木结构、混凝土结构、钢结构、玻璃幕墙结构五种类型。现代建筑入口结构大多与建筑的主体结构相一致，但也有部分入口会通过采用与建筑主体结构截然相反的处理方法突出其可识别性。

　　入口空间的人员流动较大，人流方式和方向也不尽相同，因此建筑入口结构的选材和构建方式都应当适应入口的实际需求。

3.5.1　砌体结构入口设计原则

　　砌体结构是用砖、石和砌块等砌体构件砌筑而成的结构类型，也常被称为砖石结构。砌体结构建筑是各国极早被使用的结构类型，接近5000年前的埃及金字塔是具有极高建造水平的大型砌体结构建筑类型，砌体结构（尤其是砖建筑）在中国古典建筑中也占据着极其重要的地位，砖塔、无梁殿、陵墓等建筑中都广泛使用砌体结构。

　　砌体建筑材料（砖、砌块、石材等）在竖向堆叠砌筑的作用下，能承受来自竖向的建筑荷载。砌筑方式的不同形成了丰富了建筑立面肌理，作为建筑立面重要组成部分建筑入口也因为不同砌体砌筑方式而成为建筑立面肌理的主要组成部分。如图3-5-1所示，位于布隆迪的Muyinga图书馆是由当地居民参与建造的，采用当地压缩土块建造而成的一座低技建筑，该图书馆作为未来聋哑学校的一部分，旨在体现一种开放化的结构模型，当地民众可以更多的参与建设，成为建筑的主导。该项目的主要材料选用当地红土压制的压缩土砌块，充分探索建筑整体"来自自然"的可能性，最终选择将"土地"作为建筑材料加以应用。整体建筑利用砌块在砌筑过程中自然形成的结构间隔作为建筑入口与窗洞，从而体现出建筑砌体材料与建筑结构体系之间的构造逻辑，增强了建筑的整体性与逻辑性。

（a）效果图　　　　　　　　　　　（b）施工现场图

图3-5-1　布隆迪Muyinga图书馆及建造过程
（图片来源：网络）

3.5.2　木结构入口设计原则

　　木结构是中国自古以来延续至今的结构形式，从北方的木井干式、南方的干栏式到后来成熟的大小木作建筑无不体现了木结构在建筑中的地位。木材作为重要的战略资源，我国在较长一段时间内在建筑设计及建造中使用较少，而国外的现代建筑中，对于木结构建筑的设计则在持续探索中。SPSS

模方展厅（SBOX）是一个木结构建筑原型的探索，该建筑整体采用木材，木格栅结构之间留出适当的空隙，确保室内自然光，同时与内部家具更为协调。建筑入口则是在木格栅的标准模数下做减法，关闭时立面平整、契合，形成建筑入口与立面的绝对融合（图3-5-2、图3-5-3）。

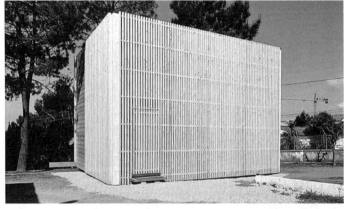

图3-5-2 SPSS
模方展厅（SBOX）
（图片来源：网络）

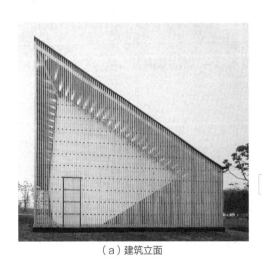

（a）建筑立面

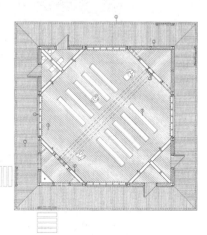

（b）建筑平面图

图3-5-3 南京万景花园教堂
（图片来源：《Chinese Architecture Today》）

3.5.3 混凝土结构入口设计原则

混凝土建筑的发展史也从另一个侧面代表了现代建筑的发展史。混凝土在各类建筑中都被广泛应用，设计师与材料工程师在长时间的探索中对混凝土的结构强度、表面肌理等方面做了大量探索，安藤忠雄的清水混凝土、刘家琨的竹席肌理混凝土等都是其代表。在位于韩国首尔西北部坡州市郊区的NEFS啤酒厂设计中，建筑师采用原木作为混凝土模板，使其表面产生犹如木纹般的粗糙肌理，找到了使混凝土这种工业化极强的材料更为贴近自然的方式。建筑入口处的一侧的做玻璃幕墙的通透处理，保证采光需要。幕墙再以相同肌理的混凝土照壁隐藏玻璃与混凝体墙面和入口的材料反差（图3-5-4、图3-5-5）。

（a）建筑立面

（b）建筑周边环境

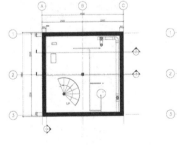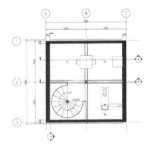
（c）建筑平面图

图3-5-4 垂直玻璃屋
（图片来源：a、c：网络；b：作者自摄）

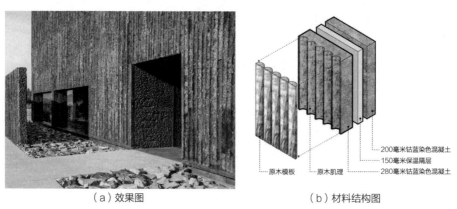

| （a）效果图 | （b）材料结构图 |

图3-5-5　混凝土结构入口案例：韩国NEFS啤酒厂入口
（图片来源：网络）

3.5.4　钢结构入口设计原则

　　钢结构因其良好的抗剪性，可以做出较细、较高、跨度较大的结构模型，也因此使钢结构（尤其轻钢结构）建筑具有别的建筑所不具备的轻盈感。而钢较强的可塑性，其形式变化能更多样（图3-5-6）。

图3-5-6　钢结构入口案例
（图片来源：作者自摄）

3.5.5 玻璃幕墙结构入口设计原则

　　玻璃幕墙结构是视线最为通透的气候边界，同时又对人员流线和行为产生一定的限定，因其这些显著特性，使其成为很多公共建筑界面材料的首选方案。因为绝对的透明性，入口可以消隐在玻璃界面上，但因此入口的引导性则会相对较弱。位于尼德兰的Lan Handling科技办公大楼就是这样的一座玻璃盒建筑，完全通透的界面打破了建筑边界，犹如办公环境置入城市之中，其建筑入口成为两个环境之间的沟通渠道（图3-5-7、图3-5-8）。

（a）效果图　　　　　　　　　　　　　　　　　　（b）剖面图

图3-5-7　尼德兰Lan Handling科技办公大楼
（图片来源：网络）

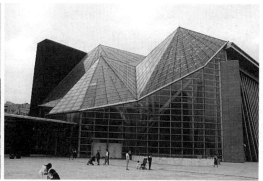

图3-5-8　玻璃幕墙结构入口案例
（图片来源：作者自摄）

4

入口设计

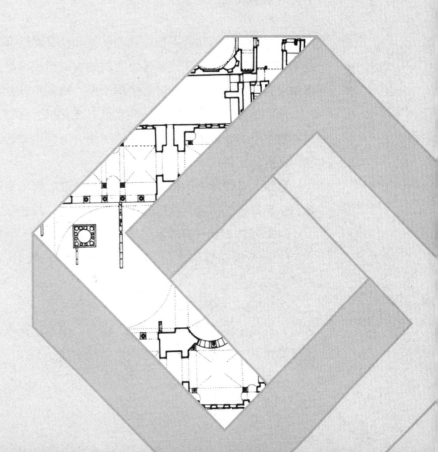

入口作为建筑的重要组成部分，设计过程中需要充分考虑其与建筑和室内外环境之间的关系。因此，入口设计不是在建筑上开门洞或贴门板这样的简单操作，而应当在建筑设计中充分统筹整体关系，生成产生适宜建筑与环境需求的入口设计。

进行建筑入口设计时除了巧妙运用相应的设计手法外更应当符合相关的建筑规范要求。各类国家和地方规范都对入口的设置有所要求，主要包括入口的数量、尺寸、位置和空间关系（到达空间的距离等）。

为使入口与建筑、环境达到和谐统一的效果，在设计建筑入口时，有多种不同的手法可供参考。其中构成法是从传统美学中总结出的形式建构手法，是最传统和最直观的形态设计法。在现代建筑设计中，设计师们根据场地、环境和空间需求又总结出更多的适宜现代需求的设计手法。例如，考虑与环境关系的环境法、考虑符号化特征的创意法和注重形式生成逻辑的修辞法。

本章节将通过实际案例，对以上这些设计手法进行详解。

4.1 构成法

形态是物体的功能属性、物理属性和社会属性都呈现出来的一种质的界定和势态表情，是在一定条件下实物的表现形式和组织关系，包括形状和情态两个方面。有形必有态，态依附于形，两者不可分离。形态的研究包括两个方面，一方面指物形的识别性，另一方面指人对物态的心理感受。因此，对实物形态的认识既有客观存在的一面，又有主观认识的一面；既有逻辑规律，又有约定俗成。

建筑入口设计中的构成法主要用来处理入口与其所在界面之间的相互关系，从设计方法而言，也可分为"加法"和"减法"，具体体现在：

（1）入口要素自身的形态属性：形状、材质、颜色、大小等；

（2）入口在界面上的排列方式：位置、数量、构成逻辑（对称、韵律等）。

为保证入口与建筑的完整性、和谐性与统一性，本章对于设计的论述将入口形态置于建筑整体形态之中，将入口作为建筑形态的一部分进行探讨，主要从以下三方面论述：形态、色彩与细部。

4.1.1 形态构成

形态构成中构成形态的基本要素是点、线、面、体。其中点、面一般是在二维界面中的形式构成要素，线是在二维与三维空间中都可使用的构成元素，而体则是在三维形体空间中的构成要素。

视觉中的点与面是由要素尺寸在图与底上产生的相对的视觉感觉，当两个面彼此叠加，其中一个远小于另一个时，尺寸小的一个面成为另一个面上的"点"。面上的线则是相对明确的元素，一般不由尺寸的大小决定，而是由其自身的长宽比例所决定。

1. 点构成

根据入口在界面上的排列方式：位置、数量、构成逻辑（对称、韵律等）关系。点构成的方式根据元素数量可以分为单点、双点、多点、群点这四种构成方式（图4-1-1）。在建筑入口中体现为同一界面上的单个门洞、主次门洞、多个门洞。

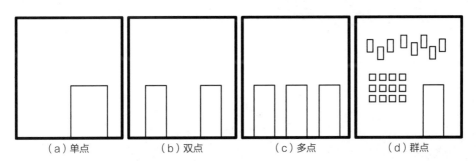

| （a）单点 | （b）双点 | （c）多点 | （d）群点 |

图4-1-1 入口界面点构成方式元素数量分析图
（图片来源：白金妮 绘）

单一入口时，一个入口与其所在立面的图底关系共同形成了单点构成；两个入口，或一个入口与单一窗洞共同在立面上形成双点构成（图4-1-2）；三点构成与双点构成的组织方式相类似，由三个入口或三个入口加窗洞共同形成三点构成关系（图4-1-3）；群点构成则拥有丰富的立面要素组织组织关系，由数量较大的要素相互关联，共同构成有一定群组组织逻辑的群点构成。

数量和位置关系共同建立起逻辑关系：规则排列，例如均匀韵律排列、渐进韵律排列、对称等；非规则性排列，非规则排列是没有明显规则的、随意的、或规则不显而易见的排列方式（图4-1-4）。

进行建筑入口设计时，除门洞外，还应将入口界面、雨篷、门扇、界面

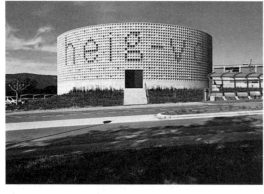

图4-1-2 入口单点构成入口
（图片来源：网络）

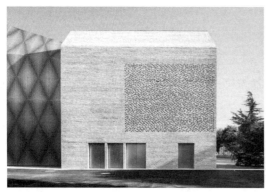

图4-1-3 入口群点构成入口
（图片来源：网络）

（a）规则排列 （b）非规则排列

图4-1-4 规则性入口与非规则性入口案例对比
（图片来源：网络）

上的窗扇等所有入口构成要素统筹考虑其构图关系。入口元素通过材质、色彩、形状的对比产生图底和虚实关系，使建筑入口在形式上突出建筑界面，成为建筑立面上的重要标识。

2. 线构成

线可以看作是由若干点彼此相连形成的细长连续形状，或长宽比差异特别巨大的面。与点要素相比，线要素的形状、方向和趋势更明显，与面和体对比则显得更加轻盈和精致。

线要素的属性包括：形状性、方向性、尺寸性、比例性、连续性。线按照形状可以分为直线、曲线（抛物线、双曲线等）、折线（图4-1-5）等；方向分为水平向、垂直向（竖直向）、抛物向等；尺寸分为长线、短线、中长线等；尺度分为细长线、短粗线等；同时线型按照其连续性分为连续线、断线、多段线等。

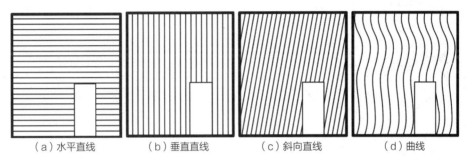

（a）水平直线　　　（b）垂直直线　　　（c）斜向直线　　　（d）曲线

图4-1-5　入口界面线构成形状分析图
（图片来源：白金妮 绘）

线在界面上的作用主要有三个：切割、组织和限定。界面通过不同线性、不同手法的切割产生不同的视觉感觉。线性的切割方式包括：有秩序的均匀切割和缺乏秩序的随意切割。建筑的形体也能呈现线性造型（图4-1-6~图4-1-8）。

建筑入口界面线形元素还有许多混合使用的案例。如横竖直线的混合使用、直线与折线、曲线的混合使用等（图4-1-9、图4-1-10）。

图4-1-6　入口界面线构成
（图片来源：作者自摄）

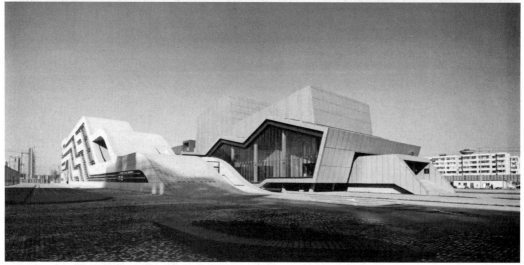

图4-1-7　入口界面线构成：包头少年宫图书馆
（图片来源：《中国新建筑》）

图4-1-8　入口界面线性切割构成
（图片来源：作者自摄）

图4-1-9　入口界面横竖直线要素混合使用
（图片来源：作者自摄）

图4-1-10　入口界面折线与曲线要素
（图片来源：网络）

　　相较于其他构成手法，只有线性元素具有方向性和运动性，线元素自身的方向使建筑具有相同的方向性。例如由横向线元素组成的建筑形式具有向左右两个方向的运动感；竖向线元素组成的建筑形式具有向上的运动感，建筑也显得更加高耸。如图4-1-9所示，建筑入口界面构件就是由竖向的曲线元素构成，形体具有向上的趋势和拔高的视觉效果，进一步突出入口与整体的差异。

3．面构成

　　建筑形态构成中的面通常指界面，界面限定空间，是围合空间与半围合空间中的实体部分，同时空间是"空"的，而界面则是空间体量内外部形态的视觉表达。

　　面元素可以分为平面、折面、曲面三个基本类型，其中折面可以看作平面的变形或者平面的组合形式，曲面可以分为规则曲面和非规则曲面（图4-1-11）两类。

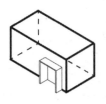 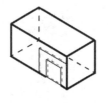 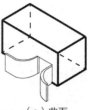

（a）水平与垂直平面　　　（b）垂直平面　　　　（c）垂直平面　　　　　（d）折面　　　　（e）曲面

图4-1-11　入口界面面构成分析图

（图片来源：白金妮 绘）

　　建筑入口中最常见的面构成是平面构成。平面在建筑设计中最常被用到，尤其是垂直向与水平向的面通常构成最基本的建筑墙面和屋面，建筑入口中的垂直平面形成入口界面（界面），而水平面则一般作为入口的雨篷构件，如图4-1-12（a）所示，深圳大学美术馆入口设计采用三个不同材质的平直面"围合"着入口台阶，产生路径的引导。图4-1-12（b）中，波兰诺雷消防博物馆入口空间也由三个平面围合而成半室外空间的入口空间，其特点在于平面元素的形状和材质相对特殊，采用了带锐角的金属面。

　　如图4-1-13所示，长沙中南大学新校区艺术楼入口设计采用与建筑整体外形相一致的不规则的折板形结构，形成建筑入口过渡空间。

4．体构成

　　体块是立体构成中的基本元素，对体块做加法和减法是入口设计中运用最多的体块操作手法（图4-1-14）。

　　体块加法的具体操作方式按照体块间的位置关系可以分并置（图4-1-15a、图4-1-15b）与叠加（图4-1-15c、图4-1-16）；按照在建筑原有体量

（a）深圳大学美术馆　　　　　　　　　　　　　　　（b）波兰诺雷消防博物馆

图4-1-12　入口面构成

（图片来源：作者自摄）

（a）建筑外观

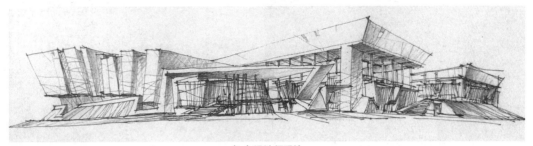

（b）设计师手绘

图4-1-13　长沙中南大学新校区艺术楼
（图片来源:《建筑中国：中国当代优秀建筑作品集2》）

的入口位置增加额外的形态体量。增加的入口体块可以通过叠加、拉伸、
扭曲及弯折等形体处理方式，或通过颜色、材质区分形成与建筑本身的
反差。

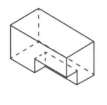

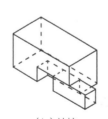

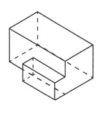

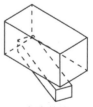

（a）挖去　　　　　　（b）抽拉　　　　　　（c）叠加　　　　　　（d）旋转

图4-1-14　入口界面体构成加法减法分析图
（图片来源：白金妮 绘）

（a）

（c）

（b）

图4-1-15　入口体块加法与叠加

（图片来源：a、b：作者自摄，c:《中国新建筑3》）

图4-1-16　入口体块叠加

（图片来源：网络）

减法是将建筑形体作为一个完整体量，将入口形态作为一个单元体块从建筑整体体量去除，使入口处形成明显的体量缺失。体块减法可以分为挖去与挪移两种。挖去是指在原有的体量上直接去除掉其中的一部分，在入口设计中挖去部分可以形成门厅、门斗、前室等入口空间（图4-1-17）。挪移是指原有体块的一部分通过平移或旋转的方式从原体块中脱离，与减法中的直接挖去不同，被挪移的体量与原体块之间的相互关系较为明显，在操作过程中具有体块的"可还原性"。无论挖去还是挪移都具有反复操作的可能性。

图4-1-17　入口体块挖去
（图片来源：作者自摄）

还有一些特殊的操作手法，例如体块的旋转，是建筑体块之间产生一定的角度变化，旋转可发生在体块的水平方向（图4-1-18、图4-1-19b），也可发生在体块间的垂直方向（图4-1-19a）。体块的旋转产生体块局部出挑可起到一定的遮蔽作用。

图4-1-18　入口体块旋转与消减
（图片来源：网络）

（a）吐哈油田购物中心　　　　　　　　　　　（b）盐城中国海盐博物馆

图4-1-19　建筑入口处的体块旋转
（图片来源：a:《中国青年建筑师1》；b:《建筑中国：中国当代优秀建筑作品集1》）

4.1.2　色彩构成

　　色彩作为一种视觉要素，对观察者的心理与生理都会产生明显的影响。色彩通过对人体视觉的物理性刺激，再将视觉感觉传递给大脑，因此当人观察色彩时，受到色彩的视觉刺激而产生的对生活经验和熟悉的环境事物的联想，这就是人的色彩心理感觉。因此，色彩成为我们感知物体的最直接要素，有时比形状和尺度更能带来感官刺激。

　　色彩的表达有两种主要形式：材质自身色彩的呈现与人工色的运用。任何材料都有自己独特的色彩与质感，材料自身的色彩属性带给建筑真实的、贴近自然的视觉感受。人工色的运用主要是指采用化学涂料在材料表面进行粉刷而产生的视觉效果。建筑入口中的色彩的搭配可以产生协调或对比两种视觉感觉（图4-1-20）。

　　不同色相的色彩会使人产生不同的联想，正因如此，我们认为色彩是拥有感情的。以红色为例，考古发现红色是除黑色与白色以外人类最早使用

（a）反差　　　　　　　　　　　　　（b）和谐

图4-1-20　建筑入口色彩与材质的对比
（图片来源：网络）

的颜色之一，这与红色是我们自然界中最常见的颜色有关，自然界中的多种动植物都是红色。红色也是可见光谱中波长最长的，处于暖色区。纯粹、个性鲜明的红色是三原色之一，给予人视觉最强类的刺激，在高饱和状态时象征着积极向上、热情、喜庆、激情、兴奋。中国传统文化赋予红色更多的含义。古时的红色有"丹""朱""绛"等称谓。红色在中国文化中始终代表着尊贵与至高无上。"阴阳五色"学说中的红色属于"正色"，其拥有夏天、南方、炎帝、苦味、太阳、心脏、阳气等含义。"炎帝火德，其色赤"，古时的"赤色"也是"红色"，红色象征着火，更代表生命力。建筑入口中也常把"中国红"作为色彩构成工具（图4-1-21、图4-1-22）。

　　现在随着建筑材料的更加多元化，建筑师会使用一些具有特殊颜色与光泽的立面材料，如图4-1-23所示，金色幕墙使建筑入口立面产生华丽感。

（a）商祖祠入口　　　　　　　　　　（b）法门寺寺门

图4-1-21　传统色彩在入口中的应用
（图片来源：作者自摄）

图4-1-22　红色在入口中的应用
（图片来源：作者自摄）

图4-1-23　特殊材料颜色（金色幕墙）在建筑入口中的应用
（图片来源：作者自摄）

4.1.3　复合构成

　　复合构成法是指建筑入口处理中同时运用两种或两种以上形态构成手法，且多种构成手法形成一体，不分主次。

　　如图4-1-24（a）所示，香港奔达中心建筑体块之间彼此挪移，发生体块之间水平方向上的错位关系，错位的出挑位置架设传统的圆柱（杆件）承载建筑负荷。形成体块加杆件的组合关系。图4-1-24（b）中，巩义市政府机关大楼入口部分利用杆件和板片的组合创造出大跨度的入口灰空间。

　　如图4-1-25所示，沈阳新文化建筑组团建筑群中的建筑中同时采用了线、面、体（不同形状体）彼此穿插的构成手法。

（a）香港奔达中心 （b）巩义市政府机关大楼

图4-1-24 杆件与体块复合案例
（图片来源：作者自摄）

图4-1-25 复合构成案例：辽宁省博物馆组团
（图片来源：作者自摄）

　　罗德兹圣玛丽诊疗所顶部为两个具有主要功能的体块相互叠加，低层利用细柱和轻薄楼板进行架空，创造出上实下虚的构成特点（图4-1-26）。

　　胡安卡洛斯国王医院设计中使用两个柱状体与矩形体块穿插的体块操作，建筑外表皮则使用横向平行线性分割和线性交叉划分的线性构成手法。入口插入一个矩形体，形成雨篷的同时，对视线和行为产生引导作用（图4-1-27）。

（a）建筑外观

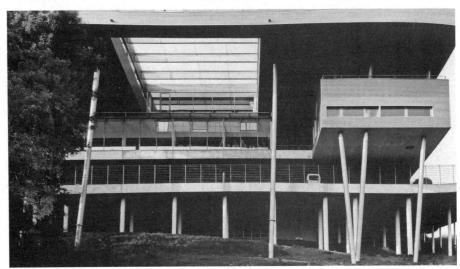

（b）建筑局部立面

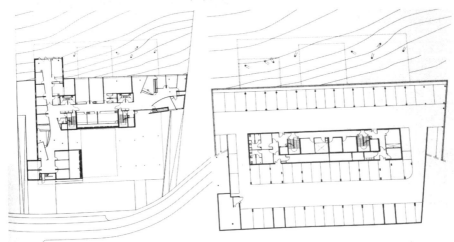

（c）建筑平面图

图4-1-26　体块、板片与杆件复合案例：罗德兹圣玛丽诊疗所
（图片来源：《医疗建筑设计》）

（a）建筑外观

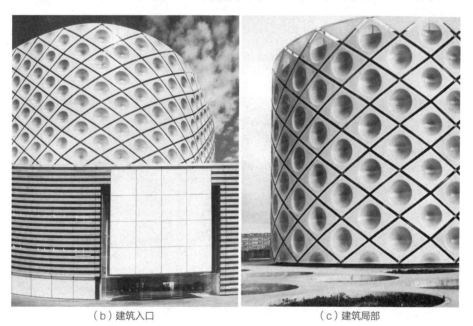

（b）建筑入口   （c）建筑局部

图4-1-27　体块叠加与抽拉复合案例：胡安卡洛斯国王医院

（图片来源：《医疗建筑设计》）

4.2　环境法

4.2.1　点缀与融入

　　建筑与环境的关系十分密切，相关内容已在前面实体要素的章节中加以介绍。对环境的巧妙运用与建构也可以作为一种设计手法，创造出建筑与环境之间的和谐。根据环境要素与建筑入口之间的比例关系，环境法入口设计可以被分为两种：融入与点缀（图4-2-1、图4-2-2）。当环境的占比较大，建筑入口被隐逸在环境之中，形成若隐若现关系时被称为入口"融入"环境中；当建筑入口空间占据主导，环境要素是作为入口空间其中一个要素时，环境"点缀"了建筑入口空间。

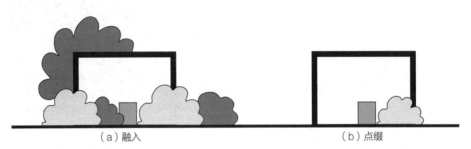

（a）融入　　　　　　　　　　　　（b）点缀

图4-2-1　环境法运用方式
（图片来源：作者自绘）

图4-2-2　环境法运用：融入与点缀
（图片来源：作者自摄）

　　局部的微缩环境景观的设置是丰富入口要素的有效手段和常用手法。入口内外空间都可以作为景观设置的场所。入口处的花坛、喷泉、雕塑也是在各类建筑上被广泛使用。当代建筑设计中建筑师们尽量从程式化的操作中抽离出来，开始从人文和地域性视角出发，在入口景观的塑造中着力体现地域化特征和意向，形成更为具有识别性的入口景观。

　　作为环境的一部分，建筑本应适应周边环境，好的建筑设计能完全融入环境之中，毫无违和感。如图4-2-3所示，殷墟博物馆位于河南省安阳殷墟。该博物馆建于洹河西岸的殷墟遗址区中心地带。为减少对近在咫尺的遗址区的干扰，设计尽量淡化和隐藏建筑物体量，博物馆主体沉入地下，地面上只能看到有一堵方形的青铜做成的墙露出地面1米多高。地表用植被覆盖，使建筑与周围的环境地貌浑然一体，最大限度地维持了殷墟遗址原有的面貌，符合文物保护的要求。

殷墟博物馆没有明显的入口门头和标识，一条三段台阶的下沉坡道将人流引导入博物馆的地下门厅空间。此种建筑及入口的处理手法并非刻意的隐藏，而是将建筑体量下沉，完全消失在环境中，由自然环境肌理生成的空间形态。

（a）建筑鸟瞰

（b）航拍图

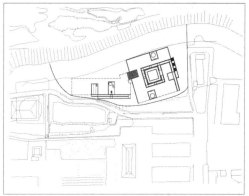

（c）总平面图

图4-2-3 殷墟博物馆
（图片来源：a、b：王晓峰 摄；c：桂平飞 绘）

台湾兰阳博物馆依山傍水而建的同时，建筑外形模仿周边自然山形，建筑材料也尽量与周边自然环境相一致，达到与自然环境相融合的效果（图4-2-4）。

（a）建筑全景

（b）建筑入口

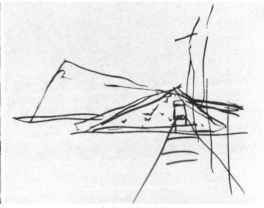
（c）设计师手绘

图4-2-4　台湾兰阳博物馆
（图片来源：《中国新建筑3》）

4.2.2　对景与框景

"对景、框景和障景"源自于中国传统园林的营造手法，是对园林中门和窗从"装饰"到"观看方式"的认知转变。对景分为正对（在视线的终点或轴线的一个端点设景成为正对，这种情况的人流与视线的关系比较单一）与互对（在视点和视线的一端，或者在轴线的两端设景称为互对，此时，互对景物的视点与人流关系强调相互联系，互为对景）。

根据上述定义我们看出，对景的关键在于视点与环境，而入口恰巧是这两个构成要素之间的巧妙介质。处在室内通过入口可以感受室外环境带来的自然气息，身处室外又可以通过入口感受到室内的雅致。设计中希望达到良好的对景效果需要同时处理好入口的尺度与位置、景与入口的距离、对视线的起点有所预判。

　　对景中的景可以是自然景观（山、水、植物等）、人造景观（雕塑、构筑物等）（图4-2-5～图4-2-7）。

　　框景是园林景观构成的方法之一。利用建筑界面上的洞口或人造物有选择地摄取空间的优美景色，中国古典园林中建筑的门、窗、洞，或者乔木树枝抱合成的景框，往往把远处的山水美景或人文景观包含其中，这便是框景。如图4-2-8所示，建筑物是位于南京四方当代艺术湖区的三合宅，采用宅中有景的合院式布局形式，将自然景观与水体引入中庭，形成建筑与景观彼此交融的艺术效果，通过建筑双坡屋顶的勾勒，形成了建筑室内与庭院、庭院与外部空间的多重对景关系（图4-2-8）。

图4-2-5　入口对景实例：雕塑与构筑物
（图片来源：作者自摄）

图4-2-6　入口对景实例：水体
（图片来源：作者自摄）

图4-2-7　入口对景实例：香山饭店

（图片来源：网络）

图4-2-8　入口框景实例：三合宅

（图片来源：作者自摄）

4.3 创意法

所谓创意法，就是在建筑设计中结合具体的环境条件、功能和造型需求，别具一格地设计出新颖、独特的建筑入口。总体而言，创意法可分为三种，即隐逸、夸张和仿生。

4.3.1 隐逸

某些建筑基于功能或设计特殊性需求，会将入口做隐逸处理，隐逸的方式有多种，最直接的方法有两种：遮挡和增加深度（图4-3-1）。隐逸入口可以营造出神秘、低调的建筑氛围。

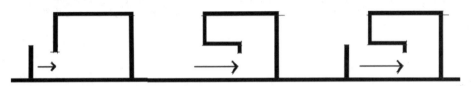

图4-3-1 入口隐逸法分析
（图片来源：作者自绘）

直接遮挡是通过界面、体块、自然要素（植物）等直接阻挡视线对入口形态的观察。如图4-3-2所示，建筑外立面设置网格状构件对建筑内部空间与入口门扇进行局部遮蔽，产生对空间及入口的隐逸效果。

图4-3-2 界面遮挡隐逸实例：希腊C&P楼
（图片来源：网络）

如图4-3-3所示，上海龙美术馆西岸馆则是将建筑入口设置在建筑侧部与原有构筑物相邻的景深位置。使靠近广场的正立面完整，也不会因人流进出而使其嘈杂，同时增加了新老建筑之间的呼应关系。

（a）入口外部空间　　　　　　　　　　　　（b）外部空间

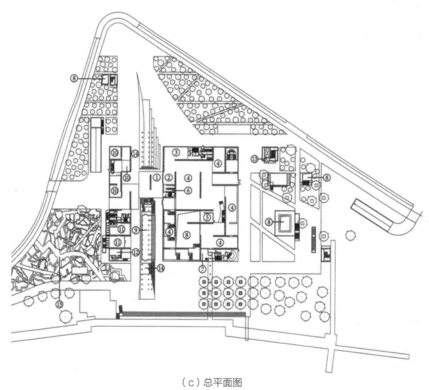

（c）总平面图

图4-3-3　上海龙美术馆西岸馆
（图片来源：a、b：陈伟莹 摄；c：网络）

增加深度的手法在操作过程中还有具体的操作方式，前端较深的衍生空间可以有多种形式：直线衍生、斜线衍生、折线衍生（图4-3-4）。不同形式的外部衍生空间产生不同的视觉感受和行为体验。

图4-3-4　入口增加深度的处理手法分析图
（图片来源：白金妮 绘）

　　现代主义经典建筑古根海姆博物馆的入口处理也采用隐逸的手法，将入口放置于入口门廊一侧较深的位置，立面上看不到任何门扇，使立面更加纯净，同时增加了门廊的使用效率，增强了对人流的引导作用（图4-3-5）。

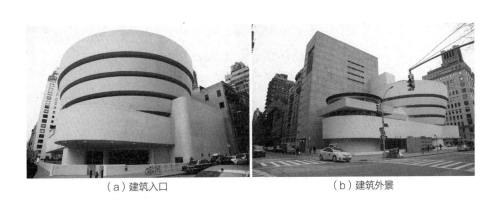

（a）建筑入口　　　　　　　　　　（b）建筑外景

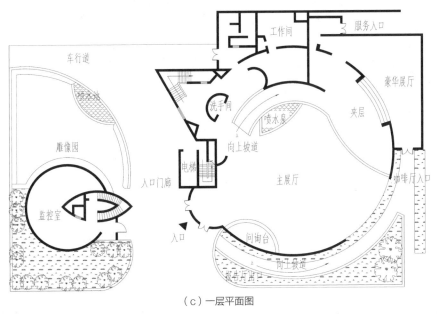

（c）一层平面图

图4-3-5　古根海姆博物馆入口设计
（图片来源：a、b：作者自摄；c：侯智松 绘）

(a) 洛阳博物馆新馆   (b) 广东省博物馆

图4-3-6　增加深度隐逸入口

（图片来源：作者自摄）

图4-3-6中洛阳博物馆新馆与广东省博物馆通过入口狭长的直线衍生空间，使入口拉开与城市公共空间的距离，也通过距离隐逸建筑入口。

4.3.2　夸张

夸张是指形式超出人的普遍认知范围，夸张手法能产生强烈的视觉冲击力，对人的视线及行为能产生无形的吸引力。入口设计中可在以下几方面运用该方法：夸张的尺度、夸张的比例、夸张的形式、夸张的色彩、夸张的结构（图4-3-7、图4-3-8）。前三者属于形式上的夸张手法。

入口尺寸一般由其功能所决定，人流入口按照人流数量设计尺寸，货物入口根据所需进入的最大货物尺寸进行设计，夸张尺度的入口其设计尺寸远大于功能需求。与尺寸相关的夸张比例是通过自身非常规的比例关系或与建筑"不协调的比例关系"达到夸张的视觉效果。

4.3.3　仿生

建筑学领域中仿生学的应用和发展滞后于工业设计，建筑仿生是通过模仿生物形态或发展规律而产生的一门学科，即建筑仿生学"biomimetics in architecture"（或者为"Architekturbionik"）。建筑仿生的目的在于探讨动、植物内在本质性的"自然法则"，使之转换应用到建筑设计中。建筑作为一个独立客体，与结构、材料、运动、神经、气候、进化、程序等方面相互关联，这与生物体的构成与关联关系类似，也为建筑仿生提供可能性。

意大利瓜斯塔拉幼儿园建筑设计的灵感来源于著名的童话《木偶奇遇

（a）结构夸张 （b）色彩夸张

（c）尺度夸张 （d）形式夸张

图4-3-7 夸张入口

（图片来源：a、b：作者自摄；c、d：《后现代主义的故事》）

记》其中的一个片段：木偶主人公匹诺曹被鲸鱼吃掉了，在鲸鱼黑暗的腹中
生活了两年。当匹诺曹在黑暗的肚腹里看到一点微弱的光时，他在这个空间
里奔跑搜索了几个小时，他找到了发光的蜡烛，还有他父亲写给他的信，也
在烛光中看到了鲸鱼的结构，鲸鱼内部的柔和、曲线的腔体构造像是一个保
护孩子的母亲，给予孩子安全保护的身临体验。孩子们在幼儿园内长时间处
于建筑的室内，视野内常规的方形空间成为他们认知的全部环境。非常规形
状带给孩子们不一样的空间体验，鲸鱼的腹腔又让孩子体会到了步入童话的
感受和想象空间。设计师根据这样的仿生设计赋予建筑这样的隐喻：内部空
间的弯曲性和材料的温暖性，在情感上唤起对母体子宫的印象，给孩子带来
安全感（图4-3-9）。

（a）建筑外观

（b）建筑入口

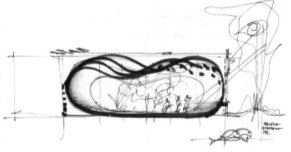

（c）建筑局部

图4-3-8　色彩与结构夸张入口：汶川县七一映秀中学
（图片来源：《建筑中国：中国当代优秀建筑作品集2》）

图4-3-9　瓜斯塔拉幼儿园设计
（图片来源：网络）

建筑和建筑入口仿生的对象可以是生物本身或某一部分。例如西班牙仿生建筑大师卡拉特拉瓦善于抽象生物体结构中的设计元素，以其为建筑的原型。里昂机场铁路客运站设计是以人眼造型为基础，对眼眶部分的曲线作夸张处理。列车从"眼球"部车道入口驶出，这种形式无论作为结构元素或视觉元素都非常具有新意，也有认为建筑最初灵感来源于远古生物骨架的启迪，建筑入口恰位于骨架的"肋部"（图4-3-10）。

（a）入口方式1　　　　（b）入口方式2　　　　（c）入口方式3

图4-3-10　厄恩斯汀工厂仓库入口的三种开合方式
（图片来源：网络）

4.4　隐喻法

　　具象形态： 是自然界中本已存在的，日常中常见的物体（有机的、无机的）形态，物体根据自然规律形成的形态，或从自然界中提取出的具体的几何形状，是一种可视的、可触碰的、实体的、被广泛认知的物体的形态。具象形态可以是自然形态也可以是人造形态。

　　意象形态： 是由具象形态经过提炼、加工、变形而生成的一种概念性的形态，虽然失去了具象形态的某些具体的常态形式，但却保留了形体的特征，使其具有明显的可识别性。

　　抽象形态： 抽象是从众多事物中抽取出共同的、本质性的特征，而舍弃其非本质特征的过程。抽象形态是通过概念与经验抽取出的纯粹形态，它一般不来自于自然，大多是由人脑思考产生。意象形态与抽象形态都属于人造形态。

　　具象、意向和抽象形态塑造是现代设计手法中的常用手法，也成为通过以自然形态、文化符号为原型进行设计的主要方法。

4.4.1　具象修辞

　　具象形态的塑造在当代建筑设计中备受争议，也被扣以"模仿"和"伪

图4-4-1　上海世博会中国馆
（图片来源：作者自摄）

造"的帽子，但作为入口设计直截了当地运用标示性强的具象形态有时能更清晰地反映设计者的意图和建筑想要表达的内涵。如图4-4-1所示的上海世博会中国馆的整体外形处理具象呈现了中国传统斗栱的形式与内涵，是具象修辞的典型代表。

　　建筑设计中的具象模仿对象可以是自然物，如图4-4-2（a）所示模仿菠萝的入口造型；具象模仿生活中的器物，如图4-4-2（b）所示汝瓷博物馆模仿汝瓷碗状造型，也可以是来源于具体建筑形式的具象模仿（图4-4-3、图4-4-4）。

图4-4-2　具象入口
（图片来源：作者自摄）

图4-4-3　传统元素具象入口
（图片来源：作者自摄）

图4-4-4　北京图书馆
（图片来源：网络）

4.4.2　意向修辞

意向是由具象形态经过提炼、加工、变形而生成的一种概念性的形态，虽然失去了具象形态的某些具体的常态形式，但却保留了形体的特征，使其具有明显的可识别性。

鄂尔多斯博物馆设计提取鄂尔多斯新城区建立于沙丘之上的意向，将其设计为空降在沙丘上的巨大时光洞窟，将城市废墟转化为充满诗意的公共文化空间，体现出鄂尔多斯新区的未来与希望（图4-4-5）。

图4-4-5　鄂尔多斯博物馆
（图片来源：作者自摄）

　　玉树康巴艺术中心是为遭受玉树地震的结古镇所做的震后重建工程，汇集了原玉树州的剧场、剧团、文化馆和图书馆等多种功能。建筑形态上表现出与周围环境一致的聚落形态。色彩、建筑外墙肌理都表现出与藏式建筑一致的多样与粗犷，极好地与周边建筑相融合（图4-4-6）。

4.4.3　抽象修辞

　　抽象是从众多事物中抽取出共同的、本质性的特征，而舍弃其非本质特征的过程。抽象形态是通过概念与经验抽取出的纯粹形态，它一般不来自于自然，大多是由人脑思考产生。意象形态与抽象形态都属于人造形态，但抽象修辞完全脱离了原型独立成形。

　　如图4-4-7所示，建筑是商丘博物馆，建筑寓意"微缩之城"，建筑和其入口分别抽象于古城和城门。建筑主体按古城形制，入口设在建筑主体南北东西四个方向，环绕建筑主体设有水体或景观，寓意护城河，入口与四周堤台通过大跨连桥相接。

（a）建筑远景　　　　　　　　　　　　　（b）建筑近景及入口

图4-4-6　玉树康巴艺术中心
（图片来源：a、b：作者自摄）

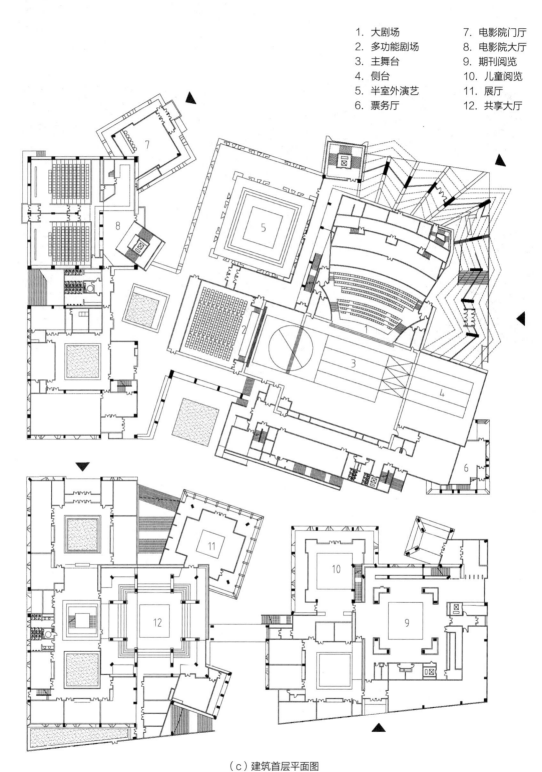

1. 大剧场　　　　7. 电影院门厅
2. 多功能剧场　　8. 电影院大厅
3. 主舞台　　　　9. 期刊阅览
4. 侧台　　　　　10. 儿童阅览
5. 半室外演艺　　11. 展厅
6. 票务厅　　　　12. 共享大厅

（c）建筑首层平面图

图4-4-6　玉树康巴艺术中心（续）
（图片来源：c：代进银 绘）

（a）下沉庭院与入口天桥　　　　　　　　（b）游客入口

（c）鸟瞰　　　　　　　　　　　　　（d）航拍照片

图4-4-7　商丘博物馆
（图片来源：a、b：作者自摄；c、d：张文豪 摄）

参考文献

[1] 彭一刚.建筑空间组合论(第二版)[M].北京:中国建筑工业出版社,1998.

[2] (德)托马斯·史密特.建筑形式的逻辑概念[M].北京:中国建筑工业出版社,2003.

[3] (日)芒原义信.外部空间设计[M].北京:中国建筑工业出版社,1985.

[4] 贾倍思.型和现代主义[M].北京:中国建筑工业出版社,2003.

[5] 顾馥保.建筑形态构成(第三版)[M].武汉:华中科技大学出版社,2014.

[6] (美)爱德华·T·怀特.建筑语汇[M].大连:大连理工大学出版社,2011.

[7] (美)罗杰·H·克拉克.世界建筑大师名作图析[M].北京:中国建筑工业出版社,2006.

[8] 丁沃沃,张雷,冯金龙.欧洲现代建筑解析:形式的逻辑[M].南京:江苏科学技术出版社,1998.

[9] 宋昆,闫力.历史主义建筑[M].天津:天津大学出版社,2004.

[10] 郭黛姮.20世纪东方建筑名作[M].郑州:河南科学技术出版社,2000.

[11] 石大伟,岳俊.中国青年建筑师[M].南京:江苏人民出版社,2011.

[12] 彭一刚.感悟与探寻[M].天津:天津大学出版社,2000.

[13] (丹麦)扬·盖尔.交往与空间[M].北京:中国建筑工业出版社,1992.

[14] 程大锦.建筑:形式、空间和秩序(第三版)[M].天津:天津大学出版社,2008.

[15] 汪江华.形式主义建筑[M].天津:天津大学出版社,2004.

[16] 万书元.当代西方建筑美学[M].南京:东南大学出版社,2001.

[17] 冯金龙,丁沃沃,张雷.欧洲现代建筑解析:形式的建构[M].南京:江苏科学技术出版社,1999.

[18] 罗文媛.建筑的色彩造型[M].北京:中国建筑工业出版社,1995.

[19] 陈飞虎,彭鹏,等.建筑色彩学[M].北京:中国建筑工业出版社,2007.

[20] 刘先觉,等.现代建筑理论[M].北京:中国建筑工业出版社,2007.

[21] (荷)伯纳德·卢本.设计与分析[M].天津:天津大学出版社,2003.

［22］日本建筑学会. 空间设计技法图典［M］. 周元峰，译. 北京：中国建筑工业出版社，2011.

［23］日本建筑学会. 空间表现——世界的建筑·城市设计［M］. 陈新，吴农，译. 北京：中国建筑工业出版社，2012.

［24］日本建筑学会. 空间要素——世界的建筑·城市设计［M］. 陈浩，庄东帆，译. 北京：中国建筑工业出版社，2009.

［25］（美）威廉·立德威尔，等. 通用设计法则［M］. 朱占星，李彦，译. 北京：中央编译出版社，2013.

［26］凤凰空间·北京. 创意分析——图解建筑［M］. 南京：江苏人民出版社，2012.

［27］季诗科. 建筑构图［M］. 明斯克：高校出版社，2010.

［28］（美）金伯利·伊拉姆. 设计几何学——关于比例与构成的研究［M］. 北京：知识产权出版社，中国水利水电出版社，2013.

［29］卫大可，等. 建筑形式的结构逻辑［M］. 北京：中国建筑工业出版社，2013.

［30］（日）吉田慎悟. 环境色彩规划［M］. 胡连荣，申畅，郭勇，译. 北京：中国建筑工业出版社，2009.

［31］田学哲，等. 形态构成解析［M］. 北京：中国建筑工业出版社，2005.

［32］苏联建筑科学院. 建筑构图概论［M］. 顾孟潮，译. 北京：中国建筑工业出版社，1983.

［33］同济大学，清华大学，南京工学院，等. 外国近现代建筑史［M］. 北京：中国建筑工业出版社，1996.

［34］（俄）塔拉采夫斯基，等. 古典建筑形态［M］. 明斯克：高校出版社，2008.

［35］建筑中国：中国当代优秀建筑作品集1［M］. 长沙：湖南美术出版社，2012.

［36］建筑中国：中国当代优秀建筑作品集2［M］. 长沙：湖南美术出版社，2012.

［37］建筑中国：中国当代优秀建筑作品集3［M］. 长沙：湖南美术出版社，2012.

［38］佳图文化. 世界建筑5：交通体育建筑设计［M］. 广州：华南理工大学出版社，2012.

［39］王国泉. 中国青年建筑师1［M］. 北京：中国建筑工业出版社，2001.

［40］佳图文化. 世界建筑6：医疗建筑设计［M］. 广州：华南理工大学出版社，2012.

［41］《设计家》. 中国新建筑1［M］. 南宁：广西师范大学出版社，2012.

［42］《设计家》. 中国新建筑2［M］. 南宁：广西师范大学出版社，2012.

［43］《设计家》. 中国新建筑3［M］. 南宁：广西师范大学出版社，2012.

［44］常志刚，等. 肌理之于建筑［J］. 建筑学报，2005（10）：43-45.

［45］王发堂. 光影：建筑艺术的灵魂［J］. 西安建筑科技大学学报（社会科学版），2007，26（4）：35-43.

［46］设计作品. 上海九间堂公共区域3组建筑改造［J］. 建筑学报，2012（12）：46-54.

［47］乔熠. 解读卡拉特拉瓦的人体仿生式建筑［J］. 现代装饰（理论），2015，（8）：178.

［48］董豫赣. 空间·感知·想象［J］. 建筑学报，2015（12）：38-40.

［49］孙澄宇，博克·德·福理斯，俞为妍，王希嘉. "纯"建筑空间的疏散引导力研究——以走道入口为例［J］. 建筑学报，2007（7）：92-94.

［50］白佐民. 谈谈公共建筑的门廊设计［J］. 建筑学报，1963（4）：25.

［51］董冰. 建筑景观一体化环境设计研究及实践［J］. 新建筑，2012（2）：118-121.

［52］胡正凡. 易识别性与环境设计［J］. 新建筑，1985（1）：22-31.

［53］曲艺，段梦莎. 横井谦介建筑主入口设计手法研究［J］. 建筑与文化，2019（1）：54-56.

［54］韩雁娟，郑东军，裴刚. 入口——建筑形态的切入点［J］. 南方建筑，2005（3）：18-21.

［55］王炜. 建筑入口的环境设计［J］. 中外建筑，2004（2）：62-64.

［56］陈梦烂，王明非. 共享视角下建筑外部开放空间特性及价值探讨［J］. 建筑与文化，2020（10）：186-188.

［57］童明. 眼前有景——江南园林的视景营造［J］. 时代建筑，2016（5）：56-66.

［58］青锋. 通往异乡之门［J］. 世界建筑，2017（12）：17-21，123.

［59］张利. 门，道［J］. 世界建筑，2017（12）：8-9.

［60］陈剑宇. 城市入口空间形态的地域主义解读［J］. 城市建筑，2007（6）：31-33.

［61］王方戟. 四步关联——建筑分析及设计的方法［J］. 建筑学报，2018（8）：107-110.

［62］刘坤. 基于密度的城市空间形态研究［D］. 南京：东南大学，2018.

［63］陈怡. 以城市公共空间界面为切入点的自适应建筑设计方法研究［D］. 广州：华南理工大学，2018.

［64］徐虹. 公共建筑室内环境综合感知及行为影响研究［D］. 天津：天津大学，2017.

［65］高庆辉. 结构的关联［D］. 南京：东南大学，2006.

◈ 后记

一个建筑可以没有窗户，却不能没有入口，这正是入口要素的重要性所在。

就建筑设计而言，建筑形态千差万别，建筑入口案例也不胜枚举，从场地分析、设计构思、功能布局、空间形态和结构选型等设计过程和阶段，从始至终都要考虑建筑出入口的位置和形式，这体现了建筑入口作为设计要素的方法论要义，即建筑入口成为建筑设计的切入点，亦是建筑入口研究的理论意义之所在。

本书结合国内外建筑案例和笔者设计实践与思考，从入口的概念、类型、设计原则和设计手法等方面进行总结，其目的是以点到面，对建筑设计的方法进行梳理和探讨。

感谢中国建筑出版传媒有限公司（中国建筑工业出版社）胡永旭副总编辑、李东禧主任、唐旭主任、吴绫主任对本丛书的支持和帮助！感谢孙硕老师、陈畅老师的辛苦工作！

感谢郑州大学建筑学院顾馥保教授、黄华副教授的支持和帮助！感谢参与丛书各分册编写的诸位老师之间的互相交流与协作。感谢相关参考文献的作者们和相关网站。在本书的编写过程中，郑州大学建筑学院硕士研究生李成翰、代进银、本科生白金妮参与了表格、分析图绘制工作；侯智松、邢素平、刘娇、刘艳参与了图片收集与整理工作。

不同的建筑师对建筑设计有着不同的观点和方法，期待广大读者和同行的交流、批评和指正。

毕昕　郑东军